U0124170

天下雜誌
觀念領先

教練

價值兆元的管理課

賈伯斯、佩吉、皮查不公開教練的高績效團隊心法

Trillion Dollar Coach

The Leadership Playbook of Silicon Valley's Bill Campbell

施密特（Eric Schmidt）
羅森柏格（Jonathan Rosenberg）
伊格爾（Alan Eagle）——著

許恬寧——譯

本書獻給比爾

矽谷最具影響力人物一致推薦

賈伯斯、貝佐斯、佩吉共同教練的管理智慧

「比爾·坎貝爾對蘋果的貢獻難以估算，也無可取代。蘋果與這個世界都受惠於比爾對創新與團隊的熱忱。本書傳達出他熱情洋溢的精神，每個人都可以向我們這個產業最偉大的教練學習。」

——蘋果執行長庫克（Tim Cook）

「每當我必須做出困難的抉擇，就會想起比爾。他會怎麼做？他是伯樂，助人發揮潛能，促成組織上下一心、團隊同心協力。比爾在我和許多人心中都是最獨特的一個人，我能有今天，都要感謝他。本書精闢闡述了他的精神與管理智慧。」

——YouTube執行長沃西基（Susan Wojcicki）

「和比爾在一起時，總是能讓我打開另一個視角，他會適時協助我看清什麼才是最重要的事。他告訴我，我所做的一切都很重要，但說到底，真正重要的是如何過好自己的生活、如何善待自己生命中出現的每個人。比爾主張社群精神，把眾人團結在一起。本書詳細解讀比爾智慧，我們運用他的管理原則，替谷歌領導力訓練打下基礎，未來每個谷歌人都能持續向比爾學習。」

——谷歌執行長皮查（Sundar Pichai）

「比爾．坎貝爾是我見過最有智慧的智者，深具遠見，關懷他人，有話直說，深深影響著谷歌與無數企業的文化，帶領他們雄霸一方。我想念你，教練。」

——凱鵬華盈董事長杜爾（John Doerr）

「比爾性格率真、機智幽默，他樂在競爭，但也堅持勝之有道。任何和他合作過的人，都會明白在事業與生活中，把大我放在第一位的優秀團隊會贏的道理。本書讓讀者了解為什麼他的教練之道如此有效。」

——Bond Capital合夥人米克（Mary Meeker）

目錄

推薦序——價值兆元的管理課　亞當・格蘭特　9

第 1 章
傳奇教練比爾・坎貝爾
你可能沒聽過他，但從蘋果到谷歌都聽他的！　19

第 2 章
管理的黃金法則
頭銜使你成為管理者，部屬使你成為領導人　61

教練之道

人最重要／員工會議從有效閒聊開始
一對一會議從五個關鍵詞開始／圓桌後的王座
依據第一原理解決艱難問題／管理桀驁不遜的人要設底線
好薪酬代表愛與尊重／瘋狂人士的地位來自創新
讓人有尊嚴的離開／讓董事會發揮最大作用

第 3 章
信任是所有關係的基石
最強團隊，成員心理安全感也最強　125

教練之道

只指導可造之材／練習全方位聆聽
實話實說，但別讓人難堪／不要強行讓別人理解你
傳播勇氣，不製造恐懼／展現完整的自己

第 4 章
優質團隊會戰勝一切
專心求勝，但要勝之有道 161

教練之道

先解決團隊問題，其他問題自然有解／選對人才
配對合作讓陌生同事變親密戰友／讓每個人都有機會坐主桌
解決最大的問題／別讓負面情緒持續太久／勝之有道
領導者就要發揮領導作用／化解溝通不良／你可以有同理心

第 5 章
社群的力量
當人們彼此相識之後，一個地方就會變強大 227

教練之道

善待身邊的人，是人生最有價值的投資／給人掌聲，不要冷漠
打造社群，與人建立深厚連結／盡力助人／愛戴創辦人
社交能力是練出來的

結語——你要活出什麼樣的人生？ 267

致謝 281

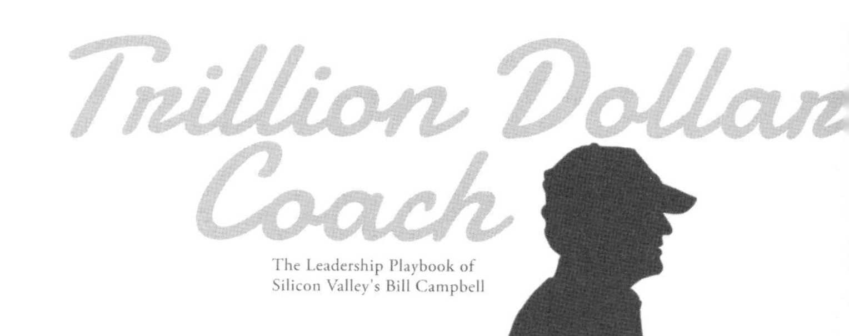

推薦序

價值兆元的管理課

亞當．格蘭特（Adam Grant）

大約十年前，《財星》雜誌有篇報導，講述一個只在矽谷圈內人之間流傳的祕密。這個機密並不是什麼超級軟體或是爆紅產品，而是關於一個人：比爾．坎貝爾（Bill Campbell）。

坎貝爾不是科技駭客，他的人生上半場是美式足球教練，年近四十才卸下教練職務，因緣際會踏入商界。在中年換跑道時進入矽谷，最後竟神奇的成為影響世界的人物。賈伯斯（Steve Jobs）把他當知己，週末時常找他一起散步，討論自己「擔心或還沒有想明白的事」。谷歌創辦人布林（Sergey Brin）與佩吉（Larry Page）也說過：沒有坎貝爾，他們不會成功。

看到這篇報導時，我只覺得比爾・坎貝爾這個名字很耳熟，但想不起來在哪裡聽過。直到後來我才終於想起，我在課堂上曾數次向學生提起一個企業案例，而在當中扮演關鍵角色的人正是坎貝爾。那是發生在1980年代中期，蘋果電腦碰上一個管理難題，聰明、勇敢、年輕的經理杜賓斯基（Donna Dubinsky）對賈伯斯的一項行銷計畫提出質疑，而坎貝爾正是杜賓斯基的大主管。

杜賓斯基一開始的提案很顯然還考慮不周，坎貝爾拿到時展現出足球教練「嚴厲的愛」，先是撕爛她的提案，但在逼她提出立論更加扎實的主張後，就義無反顧的堅定支持她了。

坎貝爾後來怎麼樣了？對於他在蘋果的發展和後來的歷練，我一無所知，因為接下來的數十年間，關於他的傳奇只屬業內機密，外界無法得知。

矽谷背後的男人

那篇《財星》報導倒是為這個謎團透露了一絲端倪：在矽谷，大家都叫坎貝爾「教練」；他很樂於讓身邊的人成為鎂光燈的焦點，自己則低調的隱身在幕後。當時我正在寫一本書，探討為什麼樂於助人的人更容易成功，我心想坎貝爾不就是絕佳例子嗎？但一個從來不公開露面的人，該如何描繪他？

我開始在網路上搜尋關於坎貝爾的資料，試著把找到的每一個線索拼湊起來。我首先發現的是，儘管身材不如人，坎貝爾靠過人的心智彌補了這個缺點，他身高不到180公分，體重也才75公斤，卻能在高中時期當選美式足球隊最有價值球員（MVP）。當田徑教練缺跨欄選手時，坎貝爾自願報名參加，但他跳得不夠高，沒有成功跨欄，只好直接硬衝，結果撞到淤青。這樣的他，竟也一路闖進地區錦標賽。

在哥倫比亞大學就讀時，坎貝爾被選為美式足球校隊隊長，後來更成為學校球隊的總教練。可惜慘淡經營，在連續六個賽季的失利中苦苦掙扎。他的致命弱點是什麼？他太關心球員了。他不會讓全力以赴的非主力球員只坐冷板凳，也不會讓明星球員因球賽忽略課業。他做教練是為了讓他的球員獲得成功人生，不只是為了贏得比賽。他認為，球員的幸福比贏得比賽更重要。

坎貝爾決定轉行進入商界時，從前足球隊的老隊友提供了人脈。老友們認為，比爾在運動這種零和對抗中展現的弱點，卻可能在公司環境下成為優點。結果一如所料，坎貝爾日後成為優秀的蘋果高階主管、財會軟體公司財捷（Intuit）的執行長，以及幾乎所有矽谷重要人物的教練。

每當我訪問在矽谷以慷慨著稱的大人物時，他們都對我說同樣的話：坎貝爾形塑了他們的人生觀。這讓我對這位傳奇教練更加好奇了。一開始，我不想直接驚動坎貝爾本人，決定從接受過他指導的人士著手，結果沒過多久就接到一大堆電話，全是坎貝爾的學徒打來的。他們把坎貝爾比做父親，說他身上有「很人性化的東西」，並把他和很懂得激勵人心的歐普拉相提並論。

在矽谷，「很人性化」這種特質並不常見。

每次訪問到最後，我通常又記下十幾個新名字。因為受訪者總是會熱心告訴我，坎貝爾還改變了哪些人的人生，其中一人就是本書的共同作者羅森柏格（Jonathan Rosenberg）。我在2012年聯絡上羅森柏格，他自做主張把坎貝爾加入我們的對話。坎貝爾婉拒受訪，不願出現在我的書中。我因此沒能從他口中問明白，他是如何做到在成就他人的同時，自己也能從中受益。

從那之後我就一直在想，在這個理應索取者才能得到獎勵的商場，坎貝爾是如何成為一個成功的給予者，他究竟是怎麼做到的？關於領導力與管理，我們又能從他身上學到什麼？

成就他人的管理智慧

由於這本書誕生，我終於解開多年來心中的疑惑：**要成為優秀的管理者，你得知道如何當教練。畢竟，一個人的職位愈高，你的成功愈取決於能否讓他人取得成功。**從本質上來說，這正好是教練的責任。

過去十多年來，我有幸在華頓商學院教授核心團隊合作與領導力的課程。這堂課的基礎知識是建立在嚴謹的研究基礎上，閱讀了這本書之後，我很驚訝的發現，坎貝爾事實上提供了超前時代的管理洞見。他在1980年代，就已經親身示範該如何有效管理與領導，比相關理論被提出（更別提經實證有效）整整提早了數十年。

更令我意外的是，對於該如何管理員工，以及該怎麼指導團隊，坎貝爾有一套獨到的見解，而企業界對於相關做法，一直到今日其實都尚未發展出成熟的系統性研究。

坎貝爾走在時代之前，在這個相互連結與彼此合作愈來愈緊密的世界，我們的職涯發展與公司命運都取決於人際關係的品質。坎貝爾的經驗傳承正逢其時。我相信這些經驗是歷久彌新的，他指導別人的方法在任何時代都會奏效。

聘請教練進行刻意練習以提升技能、改善心智，已是當前趨勢。以前只有運動員和表演者有教練，但現在領導者都在接受主管教練，一般人也可以找教練學習各種技能。然而，現實情況是，每個教練只會看到事情的一小部分，在他看到的部分裡，你可以受益於他的回饋與指導。大多數時候，我們還是得靠自己摸索，靠自己去引導部屬、同事，甚至是引導自己的上司。因此這本歸納矽谷總教練智慧精華的著作，可說格外重要。

從這本書，我也意識到，對我們的個人職涯或是團隊運作來說，教練可能比導師重要。導師提供箴言，而教練則是捲起袖子親自出手相助。教練相信我們身上的潛能，更會進入戰場，幫助我們實現潛能；教練會舉起鏡子，讓我們看見自己的盲點；教練會讓我們自己負起責任，想辦法解決遇到的難題；教練承擔了讓我們變得更好的責任，卻不會把我們取得的成就，當作是他們的功勞。坎貝爾幫助過多位矽谷巨人與重要企業創造出空前成功，我想不出有誰比他更適合被當作模範教練，來傳授領導與管理的教戰手冊了。

我自己也曾向最頂尖教練學習，包括商業界教練，還有體育界的教練。我曾是跳水運動員，接受過奧運教練的訓練，近年來也以組織心理學家的身分，與波士頓塞爾提克籃球隊的史蒂文斯（Brad Stevens）等優秀教練合作。坎貝爾不只是一位和他們一樣的世界級教練，而且比爾還自成一派，因為他甚至可以針對自己不了解的領域為別人提供指導。

比爾一生沒寫過一行程式碼，但他卻成為矽谷那些赫赫有名的創業家與高階主管們最信任的「教練」。他的教練之道看似簡單，但就算你的工作內容是他不懂的技術，他也有辦法指引你方向。

解開高績效團隊的五大成功關鍵

2012年，也就是坎貝爾婉拒出現在我新書中的同一年，我受邀在谷歌的一場全球活動上演講，主題是從組織心理學家的角度，探討如何治理公司。我當時已經和谷歌的頂尖人員一起分析團隊合作數年，我深深覺得這家公司幾乎每一項大獲成功的產品，都是由團隊締造的佳績，而這個發現也是我那次演講特別強調的主題。

我認為應該把團隊當成組織的基石，而不是個人。我在谷歌的合作夥伴後來進一步推出了「亞里斯多德計畫」（Project Aristotle），這項大型研究的目的就是要找出谷歌內部最成功團隊的特質。

他們後來發現了五大關鍵因素，其實都可以直接從坎貝爾的領導力手冊中找到。傑出的谷歌團隊成員擁有心理安全感（他們知道如果冒險創新，主管會支持他們）；此外，這些傑出團隊都有明確的目標、每個角色都很重要、每個成員都很可靠，而且大家都相信團隊的任務將創造顛覆性變革。

透過這本書你會看到，坎貝爾是創造以上條件的大師，以及他如何將安全感、明確性、重要性、可靠性和影響力深植於他所指導的每一個團隊。

我和桑德伯格（Sheryl Sandberg）常感嘆，每一家書店都設有自助區，卻沒有助他區。這本書應該放在助他區：它是一本指南，可以引導他人發揮最好的一面，同時提供他們支持與挑戰，並對「以人為本」的理念提供比口頭支持更多的內涵。

坎貝爾的故事最棒的地方在於，你愈深入了解他，每天就會看見變得更像他的機會。你可以做很小的事情，比如對你遇到的每個人給予尊重；也可以投入更多的心力，比如花時間了解團隊裡的每一個人，直到記住像他們家的孩子念哪所學校這樣的細節。

坎貝爾不需要也不想要在書中被介紹的殊榮，更別說是成為一整本書的主角。但對一個一生都在奉獻自己真知灼見的人來說，公開他的祕密對我來說，是對他應有的敬意。

（本文作者著有暢銷書《給予》、《擁抱B選項》）

第 1 章

傳奇教練比爾・坎貝爾

你可能沒聽過他，
但從蘋果到谷歌都聽他的！

在2016年4月一個溫暖的日子，一大群人聚集在加州阿瑟頓聖心中學美式足球場上，悼念因癌症辭世、享壽七十五歲的小威廉．文森．坎貝爾（William Vincent Campbell, Jr.），暱稱為比爾．坎貝爾。

比爾自1983年舉家搬到美西以來，一直是科技業舉足輕重的人物，在蘋果、谷歌、財捷軟體公司等矽谷巨頭，以及其他許多公司的成功之路上發揮了關鍵作用。說他受到人們極大敬重，恐怕還無法體現比爾的重要性與他在矽谷人心中的地位，大家對他的感情，更像是發自內心的敬愛。

這一天，科技業最重要的大人物都出席了。

谷歌創辦人佩吉和布林、亞馬遜創辦人貝佐斯（Jeff Bezos）、蘋果公司執行長庫克、凱鵬華盈董事長杜爾、臉書創辦人祖克柏（Mark Zuckerberg）、臉書營運長桑德伯格、創投家米克、谷歌財務長波拉特（Ruth Porat）、財捷的創辦人庫可（Scott Cook）與前執行長史密斯（Brad Smith）、安霍創投創辦人霍羅維茲（Ben Horowitz）、網景創辦人安德森（Marc Andreessen）等業界先驅與重要人士像這樣齊聚在一起，實在是罕見，在矽谷更是前所未有。

這一天陽光柔和，與現場肅穆氣氛成了強烈對比。我和羅森柏格坐在人群中，帶著沉重心情低聲交談著。我們與比爾結識多年，從我在2001年成為谷歌執行長、羅森柏格在2002年掌管谷歌產品團隊以來，我們與比爾就密切合作。

比爾是我們共同的教練。每隔一、兩個星期，他就會單獨找我們會面，討論公司發展過程中面臨的各種挑戰。他以個人和隊友的身分給予我們指導，大多數時候，他都是隱身幕後。在這個過程中，谷歌從一家古怪隨興的新創公司，逐漸壯大成為全球最有價值的企業與品牌之一。沒有他，這一切都不可能發生。

我們都叫比爾「教練」，但他也是我們的朋友。我們身邊的人，幾乎和比爾都是亦師亦友的關係。對我和羅森柏格來說，教練更是摯友。但直到追思會這天，我們才明白一件事，這一天出席的人有好幾千人，當中有許多人都把比爾當作是他們「一生最好的朋友」。

這麼多人都認為比爾是自己最好的朋友，誰才能有這個榮幸上台致詞？

沒有科技背景，卻成為科技名人最信任的教練

比爾不是科技背景出身，他的人生上半場是一名美式足球教練，一生沒寫過一行程式碼，卻成為矽谷那些赫赫有名的創業家與高階主管們最信任的「教練」。比爾從高中時期就是學校裡的美式足球明星，升上大學之後，更成為哥倫比亞大學足球校隊隊長。上圖為1961年10月21日，比爾（身穿67號球衣）帶領哥倫比亞大學雄獅隊阻攻，以26比14擊敗哈佛隊。[1]

科技門外漢如何影響矽谷最有權力的人

比爾在人生下半場踏進商界，在四十三歲那年移居加州，儘管中年換跑道才投入數位時代的巨浪，卻為整個矽谷帶來空前成功。

出生於賓州西部鋼鐵鎮荷姆斯特的比爾，從小就喜愛挑戰，而且機敏過人。父親白天是高中體育老師，晚上則在當地工廠兼差。聰慧的比爾做什麼事都是超級認真，也不時展露領導性格，他在1955年4月的校刊上寫過一篇文章勉勵同學：「好成績對你日後的人生，再重要不過……在學校虛度光陰，會對一個人的未來產生極大影響。」那年，他念高一。

比爾在高中時期，就是學校裡的美式足球明星。1958年秋天，他離家到紐約曼哈頓的哥倫比亞大學求學。雖然那個年代的美式足球員體型，比起今天更接近一般人，但比爾的外表實在不像個足球英雄，他的身高不到180公分，體重也不到75公斤（雖然學校紀錄寫著81公斤）。

儘管身材不壯碩，但他在球場上拚盡全力達陣，再加上機智過人，很快就贏得教練與隊友們的敬重。1961年秋天，念大四的比爾成為隊長，擔任防守線衛和進攻線鋒（護鋒），幾乎每一場比賽都打滿全場，曾獲選全常春藤聯盟傑出學生，還帶領全隊拿下常春藤聯盟冠軍，這是哥倫比亞大學校史上絕無僅有的一次。

有「壯漢」之稱的美式足球教練多內利（Aldo Teo "Buff" Donelli）表示，哥倫比亞大學那年能奪冠，比爾「發揮了關鍵影響力」。「如果比爾能有190公分、100公斤，打職業賽會是聯盟史上最優秀的線鋒，肯定萬夫莫敵，但他身材瘦小，才73公斤，就連大學球賽都沒那麼輕量級的護鋒。」[2]比爾自己則是一切以球隊為重。他表示球隊能拿下冠軍，「是因為隊員在經驗豐富的教練指導下一起努力的成果。」[3]

家境並不富裕的比爾，靠著開計程車的收入，完成大學學業，也因此相當熟悉紐約的大街小巷。他後來常和長期擔任他司機的好友克拉瑪（Scotty Kramer）爭論，到底走哪條路才最好。克拉瑪說，在紐約市開車，跟著教練走就對了。

1962年，比爾自哥倫比亞大學經濟學系畢業，接著又攻讀教育學碩士，兩年後取得學位。1964年搬到北方，開始在波士頓學院擔任美式足球助理教練。

比爾是傑出教練，很快受到體育界推崇。1974年，哥倫比亞大學請他回母校擔任總教練，雖然這所大學的美式足球校隊成績當時不是很理想，但基於對母校的忠誠，比爾回到了曼哈頓。

與比爾相當熟識、同樣是足球教練的魯傑斯（Jim Rudgers）透露，比爾在受邀回哥倫比亞大學之前，已是全美最佳助理教練，賓州州立大學已邀請他加入總教練帕特諾（Joe Paterno）的團隊。帕特諾當時是美國最頂尖的總教練，比爾當年如果選擇賓大的尼塔尼雄獅隊，他的教練生涯應該會繼續發光發熱。而這本書大概會變成探討足球界傳奇人物比爾．坎貝爾，而不是矽谷傳奇了。甚至如果你想了解比爾的生平事蹟，你用的搜尋引擎可能是雅虎或微軟的Bing，因為沒有比爾教練，我們現在熟悉的谷歌歷史很可能要改寫。

比爾有才華，也有擔任足球教練的實力，但回哥倫比亞大學後，卻無法充分發揮。他受限於糟糕的訓練設施，在下午車陣中，出校園後至少要搭三十分鐘的巴士，才能抵達訓練場地。此外，校方對球隊能否成功，不是那麼在乎，紐約這座城市，整體而言也正在衰退。比爾擔任總教練的期間，哥倫比亞雄獅隊一共才贏了十二場比賽，輸掉四十一場。1978年是最有希望的一季，開季的比賽成績還不錯，但緊接著就在巨人球場被狠狠以六十九比零擊敗，對手是體格與人數上都強大許多倍的羅格斯大學隊。

比爾在哥倫比亞大學任職期間盡心竭力，一度疲憊到住進醫院。招募球員的過程特別不易。比爾日後提到，他四處奔走，和百位新秀洽談，最後只有二十五人加入。「我在下午四點半練習時間結束後，開車到紐約州的奧爾巴尼（Albany）召募新人，接著連夜趕回來。我還曾開車到賓州的斯克蘭頓（Scranton），也是連夜趕回家。」比爾補充說明：「這樣我才有辦法隔天正常去上班。」[4]

不過，比爾在球場執教失敗，並不是因為明星球員不足。依據比爾自己的說法，問題根源出在他太重情。「擔任美式足球教練需要的是冷靜與強硬，我不認為自己具備那樣的特質。你不能太擔心別人的情緒，得用強硬的態度去推動所有人努力把所有事情都做好，幾乎得做到鐵石心腸的地步。你得用一個孩子，取代另一個孩子；讓年紀大的離開，換年輕力壯的上場。這就是比賽的本質：適者方能生存，只有最好的球員才可以留在場上。但對於這樣的做法，我總是感到困擾。我試著讓孩子們了解每個決策背後的理由，但我想我就是不夠強硬。」[5]

比爾說得沒錯，美式足球教練若要成功，可能得冷酷無情，但愈來愈多證據顯示，要在商場上成功，擁有慈悲寬容的心智是關鍵。

佛勞斯特（Peter Frost）、達頓（Jane Dutton）、梅特里斯（Sally Maitlis）等組織行為學教授，曾歸納整理過去的研究，證實在工作場合與組織中，管理者的慈悲寬容具備高度價值。[6]後來的事實也證明，比爾把對於團隊的愛才之道用在商業世界，遠比在美式足球場上有用多了。

1979年賽季結束後，比爾卸下足球總教練的職務，展開新的人生。

從帶球隊到教企業團隊，比爾都備受敬愛

比爾在哥倫比亞大學取得教育碩士學位之後，成為專業的美式足球教練，直到39歲卸下總教練職務，轉換跑道，投入數位時代的巨浪，並因緣際會成為賈伯斯、佩吉、貝佐斯共同的教練，以及多家知名矽谷公司成功背後的推手。上圖為1961年11月18日，哥倫比亞大學以37比6打敗賓州大學後，比爾的隊友把他抬起來。這場勝利讓哥倫比亞大學首度奪下常春藤聯盟冠軍。[7]

從美式足球教練到蘋果1984廣告的關鍵人物

在三十九歲這一年，比爾結束了他的美式足球生涯，踏入商界，到智威湯遜廣告公司任職。一開始在芝加哥負責支援卡夫食品（Kraft）的業務，幾個月後搬回紐約，負責服務廣告客戶柯達公司。比爾一如既往，做什麼都全力以赴，柯達公司的人對他印象超級深刻，不敢相信比爾對他們的行業可說是瞭若指掌，很快就挖角他。離開廣告公司後，比爾迅速在柯達步步高陞，1983年到倫敦擔任柯達歐洲區消費產品長。

但就在這一年，有個新機會找上他。

比爾在1979年卸下足球教練職務時，他的球隊好友曾幫他牽線結識時任百事公司資深總裁的史考利（John Sculley）。雖然比爾當時沒有接受百事的工作邀約，但史考利在1983年到矽谷擔任蘋果執行長後，立刻打電話給比爾，問他願不願意離開柯達，帶著他的小家庭搬到矽谷〔比爾於1976年和哥倫比亞大學舍監史帕諾拉（Roberta Spagnola）結為連理〕。

「之前因為當了好幾年『糟糕透頂的足球教練』，

我的職業生涯耽擱了好多年。」比爾日後表示。「可能因為這樣的背景，讓我覺得自己落後同儕，很想趕緊跟上他們。矽谷是個思想開放的地方，只要有能力就能出頭，前往這個西部新世界，更有機會快速成長。」[8]

比爾的確一鳴驚人，加入蘋果之後，九個月內就晉升為銷售副總裁，負責監督萬眾矚目的麥金塔電腦。這款新型電腦即將取代蘋果二號，成為公司的旗艦產品。

蘋果大動作展開麥金塔的上市行銷，買下超級盃的廣告時段，預定1984年1月22日在加州坦帕播放。廣告拍攝完成後，比爾的團隊立刻播放給賈伯斯看。

那支廣告採用歐威爾（George Orwell）知名的小說《1984》的典故，一名年輕女子在漆黑的走廊上奔跑，躲避警衛，衝進一個房間，數百名穿灰衣、理光頭的男人像殭屍一樣，聽從面前巨大螢幕上的「老大哥」的訓誡。女子大吼一聲，將一個大錘拋向螢幕，螢幕碎裂，接著旁白承諾說，蘋果的麥金塔會讓世人看到為什麼「1984不會像《1984》」。

賈伯斯愛死那支廣告，比爾當時的上司卡法梅（E. Floyd Kvamme）與比爾自己也愛死了。就在超級盃開賽的十天前，他們在董事會上播放那支廣告。

結果，董事會卻一致認為那支廣告糟透了，他們恨死了，覺得成本太高、爭議太大。他們想知道，能不能把已經買下的廣告時段，轉賣給其他廣告主。這個時候抽換廣告會不會太遲？

兩天後，蘋果的業務主管告訴比爾和卡法梅，她找到願意接手廣告時段的買家了。卡法梅問比爾：「你認為我們該怎麼做？」

比爾回答：「別管他們了！我們就放手去做吧。」他們沒告訴董事會，也沒告訴其他高層主管，其實已找到願意買下該時段的人。「1984」這支廣告就這樣順利播出了。結果，「1984」不僅成了那屆超級盃最受歡迎的廣告，也成為史上最著名的廣告，把超級盃的廣告時段推到和比賽本身同等重要的地位。2017年，《洛杉磯時報》在一篇專欄文章說，蘋果的這支廣告是「有史以來唯一一支偉大的超級盃廣告」。[9]

對一個離開球場不到五年的足球教練來說，這樣的戰績是個不錯的開始。

1987年，蘋果決定把軟體事業Claris分割出去成為獨立的公司，並由比爾擔任執行長。比爾接手後，把Claris打造成一家成功的公司，並培養出一批有才幹的人，但1990年時蘋果卻拒絕藉由IPO分拆Claris。比爾與幾位高階主管憤而離職。這是個讓所有人的情感都深受打擊的決定，比爾離開後，好幾名員工為了表示對他的敬意，在《聖荷西信使報》刊登全版廣告，標題寫著：「再見了，教練。」

文中寫道：「比爾，我們會想念你的領導、你的願景、你的智慧、你的友誼、你的精神……你教會我們自立自強，你讓我們屹立不搖。雖然你不再指導我們，我們會盡最大的努力令你感到自豪。」

Claris在1998年被改名為FileMaker，2019年蘋果又宣布改回Claris，它一直都是蘋果非常重要的子公司。

離開蘋果之後，比爾受邀擔任新創公司GO（GO Corporation）的執行長，致力於打造全球第一台筆輸式手持電腦（PalmPilot與今日智慧型手機的先驅），那是一個野心十足的願景，可惜太超前時代，在1994年被AT & T收購。

大約也是在那段時間，財捷軟體公司的共同創辦人與執行長庫可和董事會，正在尋找新任執行長。凱鵬華盈創投合夥人杜爾將比爾介紹給庫可。一開始，庫可並未把比爾當作最佳人選，但幾個月後，依舊沒找到合適人選，於是決定再給比爾一次機會。庫可邀比爾在加州帕羅奧圖的街區散步長談，這次會面兩人一拍即合。

庫可表示：「我們第一次見面時，談生意、談策略，但當我們第二次會面，不談策略，改談領導與人。我面試的另一個人選，採取制式的方法培育人才，那就像是『你想選什麼顏色都可以，只要是我唯一提供的黑色就可以。』但比爾本身融合了豐富的特質，也懂得因材施教。在面對成長與領導力的挑戰時，他採取相當不同的細膩手法。我當時正想找尋一種新方法，也就是能以我自己不擅長的方式讓公司的人員成長，而那正好是比爾的強項。」

比爾在1994年成為財捷的執行長，帶領公司走過數年的成長歲月，直到2000年交棒〔比爾在1998年7月，卸下財捷軟體公司執行長職位，接著又在繼任者哈里斯（Bill Harris）決定辭職後，於1999年9月回任，繼續擔任執行長到2000年初才真正交棒〕。

當時比爾還不知道，他即將進入職業生涯的下一章，再次全職擔任教練，只不過這次地點不是在美式足球場上。

深受賈伯斯信任，將蘋果從崩潰推向成功

賈伯斯在1985年被迫離開蘋果時，比爾是公司裡少數反對這件事的高層主管。比爾當時的同事金瑟（Dave Kinser）回憶，比爾極力主張：「我們得把賈伯斯留在公司裡，他太有才華了，不能讓他走！」

賈伯斯把那一份忠誠記在心裡。1997年，當他重返蘋果擔任執行長時，大多數董事都離職，他邀請比爾加入新董事會（直到2014年比爾才因健康因素卸下蘋果董事職務）。賈伯斯在2000年1月由臨時執行長真除成為正式的執行長，從破產邊緣重塑蘋果帝國。

賈伯斯和比爾成為摯友，有許多個星期日的下午，兩個人在帕羅奧圖住家附近散步，談論各式各樣的話題。賈伯斯向比爾徵詢對各種想法的意見，比爾是他的知己、導師與教練。

但比爾不只指導賈伯斯。雖然在1979年離開美式足球界，比爾不曾停止指導與成就他人。朋友、鄰居、同事、孩子學校的家長有需要的時候，比爾永遠會挪出時間來和他們聊一聊。他會先給他們一個擁抱，聆聽發生了什麼事。接著，他通常會講個故事，協助他們從正確方向看事情，讓當事人自行領悟故事的涵義，然後再做出決定。

比爾在2000年辭去財捷執行長職位後（他依舊擔任董事至2016年），尋找下一個挑戰，此時，凱鵬華盈的杜爾，邀請比爾成為旗下投資公司的教練。杜爾是矽谷最成功的創投家，帶領凱鵬華盈投資谷歌、亞馬遜、網景、昇陽、財捷軟體公司、康柏電腦等公司，有矽谷創投教父之稱。

創投公司通常會聘請「入駐創業家」（entrepreneurs in residence），主要工作是和眾多想爭取創投資金的新創企業家接觸，並且不斷生出好點子；要得到創投資金挹注，就要通過駐創家這一關。杜爾心想，既然有駐創家，何不也設置一個「入駐主管」，邀請對營運與策略有經驗的人士，協助公司旗下的新創事業走過顛簸的成長過程或是走出停滯期？

比爾接受了杜爾的提議，開始展開在矽谷創投大本營沙丘路的專業教練職涯。

谷歌里程碑上的重要人物

2001年的一天，加州山景城一家由兩個史丹佛小子經營的新創公司，決定聘請一位「專業」的執行長：艾力克・施密特。施密特一手打造了昇陽的軟體營運事業，後來又擔任網威（Novell）的執行長與董事長，當時已是個大人物。但杜爾竟給了施密特一個建議：他需要比爾・坎貝爾當他的教練。

昇陽電腦執行長麥克里尼（Scott McNealy）曾試圖網羅比爾加入，當時施密特見過比爾。他佩服比爾的成就與旺盛精力。有一次，比爾到昇陽開會，提到自己剛從日本一日遊回來！施密特對此印象非常深刻。

但施密特是一個自尊心很強的人，他也有資格心高氣傲。他不僅是網威執行長、昇陽技術長，還擁有普林斯頓大學理學學士、加州大學電腦科學博碩士學位。

自己擁有如此多頭銜，而比爾只不過是賓州來的大老粗——一個前美式足球教練——能教他什麼？

事實證明，比爾能教的東西有很多。在接下來不到一年的時間裡，施密特的自我評估報告顯示他取得了長足進步。他寫道：「比爾・坎貝爾對我們所有人的指導都非常有幫助，事後看來，我們一開始就需要像他這樣的一個人。我應該更早鼓勵大家採取這種工作模式，要是從我一進谷歌就這樣做就好了。」

十五年來，比爾幾乎每週都和施密特見面。不僅僅是施密特，比爾還成了羅森柏格、佩吉等好幾位谷歌領導人的教練。他每週都會出席施密特主持的主管會議，也時常出現在公司位於加州山景城的園區裡（有一點很方便：谷歌的園區離比爾仍舊擔任董事長的財捷園區只有一步之遙）。

在那十五年裡，比爾的建議影響深遠。重點並不在於他教我們做了什麼事——他的影響遠勝於此。如果比爾對產品和戰略有任何意見，他通常會隱而不發。但他會先確認團隊成員之間有充分溝通，讓任何不滿與不同的意見被搬上檯面討論，也因為這樣當我們做出重大決定後，每個人不管原先是否認同那個決定都會支持到底。我們可以說，毫無疑問的，比爾·坎貝爾是谷歌能夠成功的關鍵人物之一，沒有他，谷歌就無法取得今天的成就。

對任何人來說，做到如此就足夠了，但比爾遠不止於此。在他與谷歌的高階管理團隊和蘋果的賈伯斯共事時，他還協助了許多人，他是Alphabet董事長漢尼斯（John Hennessy）、谷歌執行長皮查（Sundar Pichai）、臉書營運長桑德伯格等人的教練，也是前美國副總統高爾、標竿資本公司（Benchmark）合夥人葛利（Bill Gurley）、前推特執行長科斯托洛（Dick Costolo）、安霍創投合夥人霍羅維茲等人的教練。

每個成功人士背後都有個重要推手

幾乎每個身價非凡的成功人士，在他們的人生中，都曾出現過一位陪伴他們的教練。給他們意見，挑戰他們，讓他們更懂得面對邁向成功路上的不順遂。

比爾·坎貝爾是價值兆元的教練。不僅協助賈伯斯力挽狂瀾，將蘋果從瀕臨倒閉重整到再見輝煌，成為市值數千億美元的企業巨擘，還從零培養佩吉、布林成長，讓谷歌（今日的Alphabet）從一家新創公司，壯大成為市值同樣達數千億美元的公司。光是這兩家公司就創造了逾兆的價值，這還沒算進坎貝爾替其他重要企業的成長提供的關鍵指導。

比爾應該是唯一一個幾乎為整個矽谷帶來空前成功的頂尖教練。他的教練之道極為獨特，不只協助個人有最佳表現，也指導團隊有效的達成高績效。

在比爾的追思會結束之後，現場的來賓久久不願散去，谷歌商務長、同樣是接受比爾多年指導的辛德勒（Philipp Schindler）跑來找施密特。就在幾週前，辛德勒參加了谷歌的一個培訓研討會，比爾當時向一群谷歌高階主管傳授他的管理原則，以便他們能夠將這些原則傳給谷歌的下一代。

如今比爾已經離世，辛德勒希望把比爾的管理智慧與領導哲學傳承給其他人，而且範圍不限於谷歌，要讓每一個人都有機會學習。辛德勒熱切的看著施密特，問他：是不是可以把比爾傳授給我們的重要智慧整理起來，和全世界分享？我們這輩子有幸能有這樣一位管理傳奇指引，如果不做點什麼，這些寶貴經驗將會流失。

比爾過世後，谷歌開始透過明日之星的內部講座，傳授比爾的管理原則。而在辛德勒的鼓勵下，我們也開始思考寫一本有關比爾的書。但我們很快就放棄寫歌功頌德式的傳記，畢竟如果比爾還在世，他可能會（用他豐富的獨特表達方式）說：誰會想看一個來自賓州荷姆斯特的俗人生平故事？

我們不知道這個問題的答案，但我們知道，比爾的教練之道，他的管理原則與指導方式，既獨特又格外成功。光是蘋果與谷歌加總起來的價值就超過一兆美元。這也是當今商業世界需要的，因為當下成功的關鍵，就在於快速、持續的打造創新的功能、產品與服務。

在我們合著的上一本書《Google模式》中，我們認為，實現這種速度與創新的關鍵，在於要有一批新型員工，也就是「智慧創做者」（smart creative）。智慧創做者能夠結合深厚的技術、聰明的商業頭腦與創意天分。這類人才一直存在，但隨著網路、智慧型手機、雲端運算，以及各類創新的出現，他們的影響將比以往任何時候都大得多。企業要成功，就要不斷開發出優秀的產品，要做到這點，就必須吸引智慧創做者，並打造一個能夠讓他們孕育與擴展重大成就的環境。

然而，在我們為了寫作這本書，訪談接受比爾指導的數十位傑出人士之後，我們發現，我們之前主張的商業成功拼圖缺了很重要的一塊。

公司要成功，還需要一個重要元素：像社群一樣的團隊，亦即團隊成員就像社群好友一樣，可以暫時放下彼此的不同，不論個人或全體都全心投入企業的重要目標。研究顯示，在工作時，如果能感到自己是社群的一份子，知道自己能得到同事支持，就會更投入工作，生產力也會更高。相反的，缺乏社群感，感受不到同事的合作與支持，是造成工作倦怠的一個主要因素。[10]

然而，即使是身處高績效團隊的人也會告訴你，團隊不一定總是像社群般合作無間。特別是高績效團隊裡的成員，他們通常有幾個特質：聰明過人、積極進取，甚至野心勃勃，而且意志堅定、很有主見，自尊心還特別強。這些人可能可以在一起工作，但他們彼此之間也可能是對手，存在競爭關係。

而對高階主管來說，他們往往會為各自的部門著想，或是形成組織內的穀倉效應，造成對立，引發「地位衝突」（status conflict），為自己這一方搶奪更多的資源與榮譽。每個人都想更上一層樓，誘惑太大，很容易把自身的目標當成優先要務，或是看得比團隊成功還重要。最常見的情況是，內部競爭成了工作的焦點，比薪水、比分紅、比獎勵，甚至是比辦公室的大小與位置。

這會帶來很多問題。在這樣的環境下，自私的人會擊敗利他的人。根據多項研究，這種內部衝突會對團隊績效造成負面影響。而將團隊成功看得比個人成功更重要的團隊，整體表現會勝過各自為政的團隊。因此，化解內部衝突的訣竅，就在於將這種「對手組成的團隊」（team of rivals）變得像社群好友般合作，把所有人凝聚在一起，讓他們能夠同心協力為了共同目標而努力。[11]

2013年有篇論文就提出了一套凝聚對手團隊的設計原則，包括建立決策制定與解決衝突的有效機制。[12]但要堅守相關原則卻很困難。如果再考量管理企業的實際情況，例如快速發展的產業、複雜的商業模式、技術驅動的轉變、聰明的競爭者、極高的顧客期待、全球擴張、要求苛刻的團隊成員等因素，實現整合就變得更加困難了。

正如谷歌前財務長皮契特（Patrick Pichette）說的，當面對以上所有因素，同時又有一群野心勃勃、很有主見、競爭心強烈的聰明員工時，公司這部大機器裡的人際關係就會變得非常緊張。適度的緊張當然是好事，因為沒有壓力，組織就會變鬆散，但在這種緊張關係下，就很難培養社群意識，而像社群般合作的團隊是成功的必要條件。

平衡緊張關係，打造社群般的團隊，需要教練的幫助。他要指導的不僅是個人，更是整個團隊，目的是消除不斷出現的緊張氛圍，以強化成員的社群感、培養互助合作的精神，並確保每個人都有共同的願景與目標。

有時候，教練可能只會指導團隊裡層級最高的領導者，但為了讓效果最大化，教練最好指導整個團隊，而這正是比爾採用的模式。在谷歌，比爾不只會當面指導施密特，也會輔導羅森柏格等好幾位主管，並定期參加施密特召開的主管會議。對於高階主管來說，這可能是一件很難接受的事，因為讓教練參與員工會議和其他事情，感覺自己很沒自信。

然而，2014年的一項研究發現，最沒自信的管理者才會將他人的建議（或教練指導）視為威脅，而願意公開接受教練指導，反而是自信的表現。[13] 2010年的一項研究也指出，團隊教練的指導成效極佳，但一般企業或組織往往不會採用這種方法來提升團隊或組織的表現，只把團隊教練用在改善團隊績效上（該文作者把這種團隊訓練稱為「以目標為導向的變革」）。[14]

比爾會在谷歌大樓裡到處走動，因而認識了很多人。他要指導的不只是施密特和其他少數的高階主管，而是整個團隊，他也確實讓整個團隊變得更好。

過去的神奇教義，如今首度揭露

有很多體育界知名教練出書分享他們的智慧與人生經驗，當然他們的方法不限於運動領域，但很少有成功的體育界教練，像比爾這樣轉型為成功的企業經營者，並成為矽谷最有權力的執行長、創投家、創業家以及高階主管們的教練。

美式足球是極度講求團隊合作的運動。球員之間如果不能合作，不只是球隊會輸球，隊員自己也會受傷。比爾曾當了多年的球員和球隊教練，深知有良好合作才有優秀的團隊，也知道如何讓團隊成員之間相互合作。在球場上，要合作才能得分，在辦公室、會議室裡也一樣，團隊輸了，你也贏不了。比爾非常善於發現團隊成員之間的緊張關係，並懂得如何化衝突為雙贏。

每一支運動隊伍都需要教練，最厲害的教練可以讓好團隊變超強團隊。商業世界也一樣，在這個科技已滲透各個行業、消費者生活的大多數面向，而且速度與創新變得至關緊要的時代，任何公司要成功都必須把團隊教練納入公司文化的一部分。想要把高效能人才凝聚整合成強大的團隊，團隊教練是最好的方法。

問題是，公司不可能替每一個團隊都聘請一位教練，甚至只為高階主管團隊找一位教練恐怕都有困難，例如：要去哪裡找教練？得花多少錢？更大的問題是，不是請到教練就能搞定一切。

為了解決這些問題，我們訪談了數十位和比爾合作過的人士，有了出乎意料的新發現。他們和我們一樣都曾在比爾的指導下，學習如何處理人生與事業上可能出現的各種挑戰，不僅如此，比爾在指導他們的過程中，同時也示範了如何當員工與團隊的教練，正是這種教練心智的養成，讓他們成為更高效能的管理者與領導人。

這些受訪人士一再指出，每當碰上難題，他們會問自己：比爾會怎麼做？我們也一樣，當有狀況發生時，我們思考的也是比爾會怎麼做？如果我們是教練，要如何處理這種情形？

我們無法替公司裡每一個團隊都聘請一位教練，就算做得到，也無法替各種問題提供正確的解方，因為不論是什麼樣的團隊，最佳教練都是實際上領軍帶隊的那個主管。

要成為優秀的管理者，首先必須成為優秀的教練。教練不再是一門專長，而是當主管的必備能力。如果做不了好教練，你就不可能成為好主管。1994年一項研究指出，團隊與企業領導人必須超越傳統觀念的管理，管理不該只是控制、監督、評量與獎懲，還要營造出重視溝通、尊重、回饋、信任的氛圍，而這一切都源於主管的教練心智。[15]

有很多管理技巧可以靠授權，但教練工作無法假手他人。這是比爾教我們的最基本原則。在這個千變萬化、高度競爭、由科技帶動的商業世界，組成高績效團隊，提供團隊資源，放手讓他們去做大事，才有機會邁向成功。而高績效團隊的核心，正是身兼聰明經理人與愛心教練的領導人。比爾在這方面是史上最佳典範。

本書將從兩個面向來檢視比爾的教練之道，除了他教導我們的管理與領導方法，我們也將探討比爾是如何傳授這些方法的。我們將教練的方法與心法分成四部分：一是如何應用管理技巧，包括開對會議、處理棘手員工等等；二是如何與同事建立信任；三是如何建立與打造團隊；四是如何把愛帶進工作環境。沒錯，你沒看錯，我們提到「愛」這個字。

我們也將適度引用學術研究與文章來佐證比爾的技巧。比爾傳授的管理智慧與領導法則乍看之下十分簡單，幾乎就是一些格言，但任何有經驗的領導者都知道，這些概念看起來很簡單，實行上卻需要高度智慧與經驗。澳洲科廷科技大學（Curtin University of Technology）在2010年的研究中，曾提到經理人無法成功擔任教練的原因，包括投入時間不夠、不把員工看成可造之材、認為教練心態無助於公司利潤等等。[16]

事實上，要實踐這些教練之道確實不容易，在寫作這本書的時候，我們有時會想，比爾確實是個獨一無二的人，因為沒有人能像他那樣把團隊教練的方法與心法融為一體。我們是要寫一本只有已經離我們而去的比爾能夠嫻熟運用來幫助管理者成為更好教練的指南嗎？

我們認為並非如此。世上只有一個比爾．坎貝爾，我們確實很幸運，有這位教練與摯友的引領。但我們也相信，他大部分的教練之道都可以被其他人學習與複製。如今，比爾指導我們的管理與領導方法，以及如何成為教練成就他人的心法，透過這本書首次呈現在大眾面前。

不管你是經理人、高階主管或是任何形式的團隊領導人，不論你身處哪種行業或組織，你都能透過教練心智的養成變得更有效能，並幫助團隊成員與整個團隊取得更好的成績，以及變得更快樂。比爾的教練之道已經幫助了我們和其他許多人，相信也能幫助你。

我們希望這本書能留下比爾的真知灼見，提供今日與未來領導人依循的法則，讓更多人和我們一樣，受惠於他的智慧與慈愛。正如創投家霍羅維茲所言：「我從他身上學到如何更上一層樓，如何更誠心待人，更了解人性與管理。」

無私的人生嚮導

我們為了寫這本書，訪問了數十位成功人士。他們的人生因為各種機緣深受比爾影響，有的從小和比爾一起長大，有的是哥倫比亞大學一起打球的隊友，有的是比爾在波士頓學院與哥倫比亞大學指導過的球員，還有他的美式足球教練同事，比爾在柯達、蘋果、Claris、GO、財捷軟體公司的同事，他指導過的企業高階主管，經常跑到他在帕羅奧圖的家借宿的史丹佛球員與親朋好友，甚至是他指導過的聖心中學奪旗式美式足球學生。許多人受訪到一半時泣不成聲。人生曾受比爾影響的人士，都敬愛他。

我們手中握有比爾教練寶貴的遺澤，我們知道這本書意義重大。

我們不確定比爾是否喜歡我們寫這本書的想法。他更喜歡隱身幕後，避開打向他的鎂光燈。他曾數次拒絕要為他寫書的作者和經紀人的請求。但在他生命即將結束的時候，我們覺得他已經開始接受這個想法。他應該不喜歡別人寫他的傳記，但他可能想過，留下一本書，記錄他擔任企業教練的方法，可能有助於他把自己在蘋果、財捷、谷歌等公司的成功經驗傳承給其他人。這或許不是個太壞的點子。

我們想像比爾在天堂，正靠在椅背上點頭，努力消化寫書這個消息，接著往前靠，臉上帶著大大的笑容，粗聲的告訴我們：「別搞砸了！」

教練，我們會盡力的。

最受尊崇卻也最低調的矽谷傳奇

沒有一個人，能像比爾這樣對矽谷造成這麼大的影響，他是蘋果、谷歌、亞馬遜成功背後的重要推手，也是許多重要人物的教練。

Alphabet董事長漢尼斯、谷歌執行長皮查、前美國副總統高爾、標竿資本公司合夥人葛利、臉書營運長桑德伯格、前財捷執行長史密斯、前eBay執行長唐納荷（John Donahoe）、前推特執行長科斯托洛、安霍創投合夥人霍羅維茲；哥倫比亞大學校長布林格（Lee C. Bollinger）、Flipboard執行長麥丘（Mike McCue）、Nextdoor執行長托利亞（Nirav Tolia）、Chegg執行長羅森斯威格（Dan Rosensweig）、MetricStream前執行長亞錢博（Shelley Archambeau）、國家美式足球聯盟（NFL）名人堂的洛特（Ronnie Lott）；Handle Financial執行長薛德（Danny Shader）、荷姆斯特同鄉與前匹茲堡鋼鐵人四分衛巴奇（Charlie Batch）、阿爾塔蒙特資本夥伴（Altamont Capital Partners）常務董事羅傑斯（Jesse

Rogers）等等，都是比爾的親密學徒。

但在悼念比爾的典禮上，第一個上台致詞的，不是以上任何一個人。那天首先站到麥克風前面的是比爾大學時代的足球隊友布萊克（Lee Black）。布萊克一開口就談起他的朋友「拚命三郎兄」（Ballsy），我們才知道，原來那是比爾的綽號。

比爾加入哥倫比亞大學的球隊時，在隊上是體型最小，卻是練習擒抱與阻截時最勇猛的球員。一次又一次被撞倒，一次又一次起身再來一遍。

有一天，大家搭巴士去練球，布萊克在車上感嘆：「坎貝爾，真是怎樣都打不倒你。」由於隊上每個人都有綽號，在那之後，比爾的綽號就變成「拚命三郎」。他雖然在大四的球季被選為隊長，大家不叫他隊長，一直叫他「拚命三郎」。沒錯，哥倫比亞大學的坎貝爾體育中心是肌力體能訓練空間，有學生運動員的會議室，也有教練辦公室，而這個場地有時也被稱為「拚命三郎廳」。

我們在追思會當天得知比爾許多的生平事蹟，

但最訝異的是這位偉大的企業領導人、執行長、賈伯斯最信任的好友、常春藤聯盟冠軍、哥倫比亞大學美式足球隊的教練與董事長、有兩名親生子女與三名繼子女的父親〔比爾在2009年和史帕諾拉離婚，2015年與波奇（Eileen Bocci）共結連理〕，曾因為在哥倫比亞大學的美式足球場上衝勁十足，得到「拚命三郎」的尊稱。

參加比爾追思會的人士來自各行各業。比爾在紐約的司機好友克拉瑪，特別趕來加州。比爾最愛的紐約餐廳史密斯華倫斯基牛排館領班柯林斯（Danny Collins），也到場致意。

已退休的足球教練魯傑斯結婚時曾請比爾當伴郎。魯傑斯不喜歡坐飛機，所以從美東羅德島一路開到美西，穿越整個美國。此外，比爾的哥倫比亞美式足球隊大家庭、和他一起打過球的隊友、他指導過的球員都來了。

夏天時住在比爾家的史丹佛大學美式足球隊員也來了。帕羅奧圖運動酒吧「老將」（Old Pro）的員工也來了，比爾是這家酒吧的老闆之一，每週五他會在這裡舉辦教練沙龍，許多科技名人都是這裡的常客。比爾每年帶去看超級盃的朋友、一起去卡沃（Cabo）度年假的朋友，以及每年帶去匹茲堡及其他美東地區棒球之旅的朋友都來了。

這場追思會上聚集的人，不是泛泛之交，不是業界人士在致意之餘趁機結交人脈的場合。這是一群深愛著比爾的人。

比爾在墨西哥卡沃聖盧卡斯（Cabo San Lucas）黃金國高爾夫球場的桿弟馮托佐（Bruno Fortozo）也來了。比爾在當地有一間度假別墅，有空時會過去打球，也因此和馮托佐家人結為朋友。馮托佐表示：「對大部分的高爾夫球客人，你不會逾越客人與桿弟之間的分際，但比爾，他是個開朗的人，他對每一個人都很好。」幾年前，馮托佐和妻兒到北方玩，比爾邀請馮托佐一家人到加州帕羅奧圖與蒙大拿州的家中做客，也因此馮托佐不遠千里而來參加比爾的追思會。

那天下午，馮托佐抵達聖心中學，被招呼坐在前排的座位，離比爾的家人不遠。馮托佐表示：「我就坐在蘋果執行長庫克與柯爾（Eddy Cue）後面。還有坐我旁邊的人，好像是谷歌的大老闆。」

比爾有許多為人津津樂道的事，不過或許最令人印象深刻的是擁抱。

他擁抱每個人。1994年10月，微軟在一場公開的活動上，宣布收購財捷的計畫。比爾大步走到台上，給向來有些靦覥拘謹的蓋茲（Bill Gates）一個大大的擁抱。這筆交易後來沒成，是否與比爾的熱情「熊抱」有關就不得而知了。

比爾從來都不是唯唯諾諾、虛與委蛇的人，他不怕律師動怒，也不是那種會送幾個飛吻，為了符合社交禮儀輕輕拍背的那種人。他會像一隻熊一樣，緊緊抱住你，讓你感受到他的真誠。他是真心想擁抱你。比爾昔日足球隊友布萊克在致詞的結尾，看著底下的來賓，邀請大家傳承比爾的精神，擁抱坐在身旁的人。谷歌共同創辦人佩吉因此擁抱了馮托佐。

馮托佐說：「坎貝爾對所有人都是一視同仁。我身邊坐著許多大人物，我一個都不認識。但對我來說，他們都是比爾的朋友。」這句話就是對比爾最好的讚美。

在布萊克致詞完後，先前在舊金山巨人隊長期擔任資深主管，也是全美體育界最受敬重的商業人士蓋勒弗（Pat Gallagher）上台。蓋勒弗有幸致詞，不是因為他的履歷或家世傲人，而是因為他是一個好朋友。

蓋勒弗和比爾是帕羅奧圖的鄰居。兩人在1980年代中葉認識，當時比爾和妻子剛搬到美西。蓋勒弗和比爾很快建立起友誼，兩個人一起指導年輕的運動員，在比賽結束後，和隊員的家人一起到店裡喝啤酒、吃漢堡，陪孩子在公園玩、在街區散步、開晚餐派對。他們是同甘共苦的好友。

誠如蓋勒弗當天所言：「大多數人的人生中，有一大群來來去去的朋友和認識的人，另外還有一小群關係比較密切的親友，可以推心置腹的好友人數就更少了，可能就一、兩個人。你可以和最好的朋友無話不談，不必擔心什麼可以講、什麼不能講，因為你知道他們會永遠支持你。比爾·坎貝爾就是我最好的朋友。」

蓋勒弗接著感性的說：「我知道除了我之外，大概還有另外兩千人也把比爾當成最好的朋友，但我可以接受這點，因為比爾很神奇的找到留給我們每一個人的時間。比爾和我們其他人一樣，一天只有二十四小時，但他不知道怎麼辦到的，他永遠有時間留給好友清單上的每一個人。對比爾來說，你是他排名第幾的朋友不重要，不論發生什麼事，他一定在那裡支持你。」

再會了，教練

San Jose Mercury News ■ Monday, February 25, 1991 5D

So long, Coach.

Claris has just lost one of our hardest-working employees.

Bill Campbell is on his way to lead another bunch of impossible dreamers over at GO Corporation, those guys with the pen-based notebook computing system.

And the bunch he left behind would like to publicly tender him the biggest compliment we can conjure:

Bill, we'll miss your leadership, your vision, your wisdom, your friendship and your spirit.

But–thanks to all of the above–we're going to be fine without you.

In 1987, when Apple decided to get out of the software business, you volunteered to start a spin-off company.

You began with a handful of nearly-free Apple software products, a few rebels, a name, "Claris," and built us into the world's leading Mac software company.

We just finished our best quarter ever in sales, profits, market share and growth.

You taught us how to stand on our own.

You built us to last.

And even though you're no longer coaching our team, we're going to do our best to keep making you proud.

CLARIS

第2章

管理的黃金法則

頭銜使你成為管理者，
部屬使你成為領導人

在2001年7月，谷歌創立即將滿三年的時候推出了AdWords廣告，這讓它很快成為頂尖科技公司。公司當時已有數百名員工，其中有許多軟體工程師是在羅辛（Wayne Rosing）手下工作。羅辛曾是蘋果和昇陽的高階主管，2001年1月剛加入谷歌。羅辛對當時手下這批經理人的表現並不滿意。他們是優秀的工程師，但不是優秀的管理者。

羅辛找創辦人布林與佩吉商議，最後想出一個有點前衛的點子。他們要施密特取消工程師部門中所有中間主管的職位。羅辛和施密特將這種做法稱為「去組織化」（disorg），也就是去除中間管理階層，讓所有的軟體工程師都直接向羅辛報告。

布林與佩吉覺得這個點子妙極了。他們從未在其他公司正式上班過，都喜歡大學裡不分層級的環境：大家聚在一起做專案，只需一位導師從旁輔助，沒有誰必須「被管理」。

由於是直接在大學裡創業，布林與佩吉向來懷疑中間經理人存在的必要性。為什麼需要經理人？為什麼不讓這些工程師直接去做專案？在專案完成後，或是他們在專案承擔的工作完成後，他們可以選擇另一專案做。如果公司高層想知道計畫進度，為什麼要問可能根本沒實際參與工作的經理人？直接問工程師不就好了嗎？所謂「世界上第一家公司創立幾分鐘後，可能就有了世界上第一位經理人」〔甚至可能早於史上第一家公司！杜拉克（Peter Drucker）曾說，史上最偉大的經理人大概是「四千五百年前左右，在埃及負責蓋第一座金字塔的人」〕，這種話根本不用在意。

這裡可是谷歌，我們要消滅傳統。

就這樣，谷歌展開實驗，成立沒有任何中間經理人的快攻產品研發團隊。當時比爾才剛開始和谷歌合作，布林與佩吉也剛習慣和施密特一起工作，現在又多了一個比爾。

但比爾似乎和他們很不一樣。他反而花了很多時間與人相處，除了和施密特、布林與佩吉密切往來，和其他高階主管也都很親近。比爾通常晚上來訪，也就是大家心情較放鬆的時間，和大家聊聊他們在做的事、對公司的願景，他很認真的想要多了解谷歌這家公司的人與文化。

有一晚聊天時，比爾告訴佩吉：「我們需要設立一些經理人職位。」

佩吉一時間不知所措，畢竟他才剛擺脫所有的中間經理人，而且覺得這樣挺好的。就算少了中間經理人，這家已有數百名員工的公司不是同樣可以創造數十億美元營收嗎？這樣的話，不是沒有中間經理人比較好嗎？兩人辯論了好一會兒，一時沒有定論。比爾建議，何不乾脆直接找工程師談一談，問問他們是否需要主管；就如佩吉想要的那樣，直接與工程師對話。

比爾、布林與佩吉於是在公司裡走來走去，找了兩名正在工作的軟體工程師，問他們想不想要有個主管？

「想啊！」那名工程師說。

「為什麼？」

「我想要有個可以學習的對象，以及有個負責拍板定案的人。」

那天晚上，他們又問了好幾位軟體工程師，幾乎每個人的反應都一樣。只要這個經理人有值得學習之處，又可以協助做決策，這些工程師其實喜歡被管理。

比爾證明了他的論點，但要說服布林與佩吉這兩位年輕的公司創辦人，還是費了一番工夫。谷歌工程部門的去組織化模式實行了一年多才終於落幕，在2002年底公司再度設立管理職。

研究發現，這兩種管理模式各有優點。1991年的研究指出，公司在創新的執行階段（例如谷歌研發搜尋引擎與AdWords時期），需要經理人協助整合資源，以解決爭議。而2005年的研究則發現，如同百老匯的表演，網絡型組織比起層級式組織更有利於發展創意，也因此釋放創意與追求效率之間總是存在著衝突。[1]

會管理、懂決策才是真領導者

比爾認為，在一家成功的公司，高階主管最重要的工作就是管理，以確保公司達到營運卓越。比爾擔任過經理人與執行長，非常擅長確保他的團隊使命必達。他會把大家凝聚在一起、創造強大的團隊文化，但他也從未忽視一個事實：結果很重要，而好的結果直接源於良好的管理。

在一場管理研討會上，比爾告訴一群谷歌人：「你必須思考該如何組織會議、如何檢討業績與營運狀況，也必須懂得如何在一對一會議時指導部屬，並知道如何協助他們保持在正確的方向。成功的人才能把公司經營好，因為他們做事有條理，也會先設立良好的工作流程，確保公司裡的每個人都能各司其職並負起責任，他們也知道如何雇用好人才、正確評估人員的表現，並及時給予建設性回饋與建議，他們還會付出很好的薪水以留住人才。」

矽谷人有時會偏離工作重心，去追逐維持良好營運以外的目標，這是很危險的。比爾非常善於以結果為導向來營運公司。他認為，大家聚在一起會形成一種團隊文化，但實現經營目標才是我們的目的。

相關研究也支持比爾的做法。2017年一份針對全美製造廠的全面性研究發現，工廠如果採取績效導向的管理，例如設立目標、即時監控進度、設立獎勵措施等，表現會優於其他未採取這種管理法的廠商。[2]良好的管理法，和研發、IT投資、工作者的技能程度一樣重要。

對創意工作來說，良好的管理也很重要。2012年有一項針對電玩產業的研究顯示，實力堅強的中階管理者對營收差異的影響高達22%，而遊戲的創意設計本身則僅占7%。[3]

比爾認為，領導力是卓越管理的產物。「如何凝聚人才，並讓他們在你打造的環境中成長茁壯，拿出最好的表現？不是靠獨裁，不是靠發號施令，而是要讓大家和你在一起時，覺得自己的價值是被看重的。傾聽，而且是用心傾聽，是優秀經理人要做的事。」

哈佛商學院教授希爾（Linda Hill）專門研究管理學和首次擔任經理人的職場人士。她也認為，當獨裁者是行不通的。她在2007年寫道：「新上任的經理人很快就會發現，要部屬做事時，不一定叫得動。事實上，部屬愈有才華，愈不可能直接聽從命令。」

希爾的結論是：「經理人的權威，來自部屬、同儕與長官的信任。」[4]另一項研究也指出，權威不是來自權威式管理，人們不僅會因為權威式管理風格而感到惱火，而且有可能因此離職！[5]

比爾常說：「你能否成為領袖取決於他人的認同，不是你自己說了算。如果你是個好經理人，你的部屬會使你成為領導人。」

領導不是靠頭銜

你的職稱使你成為管理者，你的部屬使你成為領導人。這個座右銘其實來自杜賓斯基（現任機器智慧公司Numenta執行長），背後有個有趣的故事。

比爾曾是杜賓斯基的大主管，兩人曾在蘋果與從蘋果分割出去的軟體公司Claris共事。比爾在擔任蘋果銷售與行銷副總裁與在柯達公司擔任高階主管時，都是採取事必躬親的管理方式，成效也不錯，因此當他晉升為Claris執行長後，他認為自己的職責就是告訴每個人該做的事。

有天下午，杜賓斯基到比爾的辦公室，直截了當告訴他，要是他繼續干涉每個人該做的事，他們會全部離職、回蘋果工作，因為沒有人想為獨裁者工作。杜賓斯基對比爾說：「經理只是一個頭銜，部屬的認可才能使你成為領導者。」

杜賓斯基讓第一次當執行長的比爾長了智慧。

有一次比爾寫信給一位採取權威式管理而成效不彰的重要主管，忠告他：「你無法要求別人尊敬你，你得做到讓他們心悅誠服。謙遜、無私，讓人感受到你關心公司，也關心員工。唯有你是真的關心，別人才會在乎你懂多少。」

比爾很擔心他指導的人誤把魅力當成領導能力，這點倒是令人訝異，因為比爾和賈伯斯密切合作了近三十年，而賈伯斯正是魅力型領袖的代表人物。

賈伯斯在蘋果的第一段經歷，稱不上是好領導人，最終被史考利與董事會在1985年請出公司。但是當蘋果買下NeXT，賈伯斯在1997年回歸蘋果時，比爾發現，賈伯斯已經脫胎換骨，展現王者風範。

「他向來魅力十足，熱情洋溢、傑出過人，但當他回歸蘋果時，已變成一名優秀的管理者，對每件事都瞭若指掌。他對產品當然熟悉，但他對財務、銷售部門，以及營運和物流管理也掌握得一清二楚。賈伯斯在變成優秀的管理者之後，才真的成為一位優秀的領導人。」

比爾在每週的教練時間，和我們討論的最重要項目就是管理，包括如何營運與戰術制定。至於策略議題，比爾很少插手，如果有介入，通常是為了確認我們有健全的營運計畫來配合那個策略。

比爾會和我們一起檢視：目前危機是什麼？能以多快的速度解決問題？聘雇人才的進展如何？如何更高效的培養團隊戰力？員工會議是否有效率的進行？是不是每個人都提出看法？人員說了什麼，又沒說什麼？比爾關心的是公司是否順利營運，以及我們的管理技巧是否改善了。

支持、尊重、信任，助人成功與成長

2008年8月，Gawker網站刊出文章〈科技界最可怕的十大暴君〉。[6]文章開頭寫道：「致那些愛大吼大叫的暴君們。」這是模仿1997年由德雷福斯（Richard Dreyfuss）配音的蘋果公司的電視廣告「不同凡想」（Think Different）。「他們會亂丟椅子、威脅會讓你死得很慘、會傲慢的瞪你，他們看事情喜歡另闢蹊徑，而且會盯著你直到你同意他們的看法為止，他們不喜歡規則，尤其是人資部門提出的那些『尊重員工』的規則。」

文章中列出了科技業最惡名昭彰的暴君們，包括賈伯斯、蓋茲、鮑爾默（Steve Ballmer）、貝尼奧夫（Marc Benioff）都榜上有名。羅森柏格也名列其中，是谷歌唯一上榜的人。

羅森柏格本人樂壞了，居然名列科技業十大明星榜單，那幾乎可說是硬漢的名人堂！幾天後，他和比爾進行一對一會談，會議桌上就擺著那篇文章的影本。羅森柏格忍不住得意的露齒而笑。

但比爾一臉嚴肅的說：「這不是值得驕傲的事！」

羅森柏格不以為然，低聲回應了幾句。比爾開始破口大罵，羅森柏格根本毫無招架之力。比爾的原則很簡單：「我要是把這篇文章寄給你母親，她會有什麼感想？」看似簡單的一個提問，讓羅森柏格很快理解到這真的不是值得驕傲的事，因為他的媽媽瑞娜絕對不樂見兒子上這種名人榜。

這是比爾第一次和羅森柏格分享他的「人最重要」宣言。比爾在財捷擔任執行長時寫下這篇宣言，他後來也常一再重申。

人最重要

人才是任何公司的成功基礎。管理者的主要工作，就是協助部屬以更有效的方式完成工作，並從過程中有所成長。當團隊裡有想要拿出好表現的優秀人才，他們有熱忱，也有能力做出好成績時，管理者要如何打造出一個環境，幫助他們釋放、擴大這股能量？比爾認為，除了提供實質的支持，還要給予尊重與信任，團隊成員才會成長茁壯。

支持：提供成功所需的工具、資訊、訓練、指導，不斷想辦法培養團隊成員的技能。優秀的管理者會協助人們有好表現，不斷進步。

尊重：了解團隊成員各自的職涯目標，理解他們的人生選擇。協助他們達成職涯目標，同時顧及公司的需求。

信任：放手讓人去做事與下決定。你知道他們想要拿出好表現，也相信他們會做到。

許多研究與常見的經營建議皆指出，理應把人員當成公司資產，但當高階主管設法改善營運績效時，卻通常不會想到調整公司的管理文化。1999年的研究指出，改善管理可增進良率，每提高一個標準差，平均每位員工就可以為公司增加1.8萬美元的市場價值。[7]

管理者在公司的組織環境設計、目標溝通和團隊表現上，都扮演著關鍵角色。但好主管究竟具有哪些共同特點？谷歌在2008年著手進行「氧氣計畫」（Project Oxygen），用演算法針對公司內部所有主管的績效評估、問卷調查、得獎主管的背景等資料進行分析後，歸納整理出一個好主管最重要的八個特質。

名列第一的，就是當一個好教練。其他七項要點則是把權力下放給團隊，不要事必躬親；讓員工覺得，主管真的在乎他們的成功與幸福；具有生產力，而且成果導向；善於溝通，願意傾聽員工的想法；願意幫助員工發展職涯；必須有非常清楚的願景和策略，並確保團隊上下一心；擁有關鍵的技術能力，可以給予工作團隊建議。做到這八件事，人員的工作滿意度與績效會提升、流動率也會降低。

另外，該研究也分析出一個主管最糟糕的三種行為，包括無法了解和領導團隊；前後不一的衡量標準和規劃；花太少時間在溝通和領導上。

除了企業環境，「人最重要」的原則，也適用於其他領域。哥倫比亞大學體育長皮林（Peter Pilling）曾與比爾合作，努力改變學校體育處的任務與價值觀。在皮林的例子中，重點是學生運動員。因此，團隊在思考決策時，第一考量變成是學生運動員的需求。

團隊做出的決定將如何影響學生運動員？是否符合體育處的使命：讓學生運動員有最大的機會達成最高的成就？學生運動員是否知道有多少行政人員與教練在關心他們？團隊替學生運動員做出通盤考量，在人生的每個面向支持他們，不只關心運動成績。皮林每一季與所有的總教練開會，原則是有話直說，大家暢所欲言，討論自己指導的運動員各方面狀況。

當史密斯接掌財捷執行長職位時，比爾告訴他，每天晚上上床睡覺前，都要想想和他一起工作的八千名員工：他們在想什麼？每天進到公司裡工作時有什麼感受？如何讓他們拿出最優秀的表現？

NFL明星球員洛特在談到比爾與前舊金山四九人隊總教頭沃爾希（Bill Walsh），這兩位他密切合作過的教練時，說道：「好教練晚上不睡覺，滿腦子想著如何讓你變得更強。他們致力於打造出讓你可以不斷提升自我的環境。教練就像偉大藝術家，讓每一筆都落在最正確的地方，他們用心刻劃的是人與人之間的關係。多數人不會花太多時間思考如何幫助別人變得更好，但那正是教練的職責。比爾就是那麼做的，而且是在不同的領域做到這件事。」

「你晚上會為了什麼事睡不著？」高階主管常被問到這個問題。比爾的答案永遠一樣：他關心自己帶領的人幸不幸福、成不成功。

人最重要

管理者的第一要務，就是確保自己帶領的人既幸福又成功。

員工會議從週末出遊報告開始

十多年來，施密特都會在週一下午一點召開每週一次的員工會議。從許多方面來看，這些會議的形式大概和你參加過的員工會議沒有什麼不同。有議程、要簽到，雖然大家都坐在會議室裡，卻也不時有人會低頭收信、看簡訊。

但施密特的員工會議開場卻不一樣。當每個人都進入會議室坐定後，施密特會先詢問包括佩吉與布林在內的與會者，週末做了什麼？

如果有人去外地旅行，施密特會讓他們做個旅遊報告。因此每週的主管會議可能會出現衝浪、極限健身故事，也可能是日常生活報告，例如羅森柏格的女兒足球踢得很好，抑或是資深副總裁尤斯塔斯（Alan Eustace）分享他的高爾夫球場賽績或新的冒險。

和尤斯塔斯比起來，佩吉與布林的冒險精神大概會相形失色。2014年10月，尤斯塔斯趁著休假，搭乘巨型氦氣球，升至距地球40公里的高空，然後一躍而下，以每小時1,300公里的速度自由落體飛行，打破三項高空跳傘紀錄。成功完成羅森柏格老愛說的，「尤斯塔斯的失敗自殺」壯舉。

施密特也會分享他的出差報告，在螢幕上叫出谷歌地圖，以大頭針插在他造訪的城市，一個個城市介紹，分享他在旅途中的有趣見聞。

這種閒聊乍看之下似乎很隨興，不是很正式，卻是比爾經多年測試且非常有效的溝通方法之一，他還和施密特不斷改進做法。他們的目的有兩個：首先，聊天讓團隊成員了解彼此充滿人味的一面，認識工作夥伴的家人與工作以外的有趣生活。第二，以輕鬆有趣的故事做為開場，反而可以讓與會者專心開會，把別人說的話聽進去，也能讓團隊成員把彼此看作普通人，一個有感情的人，不只是一個專業人士、某個職務的負責人。

比爾與施密特知道，「有趣的工作環境」與「更好的工作表現」之間有著直接關聯。而聊一聊每個人的家庭生活與各自覺得有趣的事，學界稱之為「社會情緒溝通」（socioemotional communication），如此簡單的方式就能創造出有趣的工作環境。而當會議進入商業決策討論時，施密特希望所有與會者都要積極發言，無論是否涉及他們自己所屬部門的職務領域。

要求成員分享故事，向彼此展露私底下的一面，並要求每個人都要發表意見，對問題充分討論，這種溝通法看似簡單，卻是一種很有效的管理技巧，既可增進同事情誼、強化團結，還可創造更好的決策過程與更明智的決策。

前推特執行長科斯托洛也從比爾身上學到這種閒聊溝通法。「一開始，我覺得有夠怪的，但當我開始分享故事並看到它的效果後，我才知道，看似簡單的閒聊真的能帶來切切實實的改變。會議氛圍改變了，大家變得更有同理心，情緒也變好了。」

科斯托洛講了一個故事，談到自己曾經指導某位執行長，當他出席對方的員工會議時，會議一開場就先談論了一個火爆的話題，完全不先以閒聊暖場。「我當下就明白這會引發更多衝突，在此氛圍下團隊成員是不可能齊心協力去解決問題的。」

梅爾（Marissa Mayer）擔任雅虎執行長時，利用另一種版本的閒聊溝通法。她的員工會議一開始不是聊去哪裡玩了，而是表達謝意。「你得為了上星期發生的某件事，感謝另一個人或團隊。不是感謝自己，也不能重複別人提過的。這是個好方法，可以摘要整理過去一星期發生的事。」

充分溝通是團隊的成功關鍵。比爾常提醒我們，一定要確認公司裡其他人的認知和我們是相同的。即便你覺得自己已清楚表達了某件事，也要重複多講幾次，才能讓人真正明白，重複並不會破壞溝通的效果，就像你禱告時會一再講同樣的話一樣。

南美以美大學（Southern Methodist University）在2002年的研究指出，管理者的重要工作，是找出要分享與溝通哪些重要事項，以及對象是誰。這種「知識共同性」，確保團隊成員之間認知一致，能讓團隊表現得更好，為此付出時間是值得的。[8]

比爾也要我們特別關注會議的安排，尤其是開對「一對一會議」和「員工會議」，是他最看重的兩項管理原則。比爾認為這類會議是高階主管最重要的管理工具，每一場會議的流程都應該經過深思熟慮。

比起一對一會談，員工會議更應該像是一場論壇，用來討論最重要的議題與機會。由於重要議題大多具備跨部門的性質，「利用團隊會議，讓每個人同步，開啟正確的辯論，以便做明智的選擇。」更重要的是，透過在會議上提出的議題，大家都能得知其他團隊的現況。此外，大家齊聚在一起討論可促進彼此的理解，建立跨部門的力量。

這甚至適用於一些可以在一對一會議中解決的問題，因為它讓所有人一起參與了共同應對挑戰的過程。GO公司創辦人坎普蘭（Jerry Kaplan）在他所著的《新創公司》（*Startup*）一書中回憶，某次他想和比爾進行一對一會談，討論GO和微軟之間愈演愈烈的競爭。這是個重大問題，會討論到機密訊息，甚至可能具有爭議，因此創辦人與執行長一對一交換意見，似乎是最佳的討論方式，但比爾認為正因為這是個涉及各部門的重要議題，應該以團隊的方式討論與決策。[9]

研究證實，團隊會議是凝聚眾人的絕佳機會，2013年的研究指出，達成凝聚效果有三關鍵：會議討論要切題、每個人都有發言的機會，以及妥善管理會議時間。[10]但並不是每一場會議都能做到這幾點，2015年一項研究指出，超過五成的受訪者不認為自己參與的會議有效運用了他們的時間。該報告的研究範圍雖然納入所有類型會議，但仍證實了妥慎準備與規劃員工會議如何進行，是很重要的管理手段。[11]

員工會議從有效閒聊開始

開會要講重點，但增進團隊成員之間的和諧關係，強化人際連結，也很重要。

有個方法很簡單卻相當有效：會議開始前先以閒聊暖場，例如這個週末做了什麼，或是聊聊其他有助於增進關係的話題。這種閒聊乍看之下十分隨興，卻是比爾摸索出來的溝通法，還不斷改良做法。

目的有兩個：讓團隊成員了解彼此充滿人味的一面；第二，以輕鬆有趣的故事開場，反而可以吸引與會者專心開會，把別人說的話聽進去。

一對一會議從五個關鍵詞開始

我們和比爾的一對一會議時間，地點在他位於加州大道的樸實辦公室，那裡屬於帕羅奧圖較為寧靜的商業區，與熱鬧的大學路還有段距離。要我們放下工作，大老遠去找比爾不是很浪費時間嗎？為什麼不是比爾來谷歌呢？我們很快就發現這才是正確的會面地點。畢竟當你去看心理師時，是你去找他。

去見比爾時，會走進一道沒掛牌子的門，爬樓梯上二樓，接著沿著走廊往前走，會先見到長期擔任比爾助理的布魯菲（Debbie Brookfield），然後進入會議室，等比爾現身。

施密特去見比爾時，白板上總會寫著五個詞，代表當天要討論的主題。這幾個詞可能關於一個人、一個產品、一個營運問題，或是一個即將召開的會議。他們就是靠這個方法，組織這場一對一會議的。

寫這本書的時候，聽了施密特談到他和比爾進行一對一會議的方式，羅森柏格才知道，原來比爾對他的方式不太一樣。比爾的確會列出五項該討論的事，但沒有寫在白板上，而是面談過程中逐一提出來。比爾會在和他聊完家庭生活，以及其他非工作話題之後，詢問羅森柏格最想討論的五件事是什麼。

利用這個方法，比爾可以了解羅森柏格把時間與精力優先放在哪些事項。如果比爾一開始就說明自己的清單列了哪些事，羅森柏格就只能點頭同意了。討論五件事清單本身就是一種指導，但很顯然施密特從來不需要這種形式的指導。

在谷歌主持管理講座時，比爾建議一對一會議雙方把自己想要討論的事項同時貼在白板上。如此一來，就能找出共同關注的事項，並把它們列為必須討論事項。比爾認為，合併兩方想討論事項的過程，也有助於理清事情的輕重緩急。

先寫到白板上的是誰的五件事並不重要，重要的是兩個人都準備好了要談的話題。比爾非常用心準備一對一的會議。他認為管理者最重要的工作，就是幫助他人變得更有效率、不斷成長進步，而一對一會議就是實現這項目標的最佳機會。

成為全職管理教練之後，比爾為不同指導對象都制定了不同的指導方法。但在擔任執行長時，他也研究出了一套培訓高階主管的標準模式。比爾總是會從「閒聊」開始，然而在他的指導過程中，閒聊並非漫無目的。職場中閒聊通常很簡略，可能是問候對方家人，也可能是聊聊上班途中遇到哪些事。與比爾的閒聊更有意義，也更有層次，有時你會覺得，和比爾會面更像是為了聊人生，而不是為了聊公司的業務。事實上，他真的對大家的生活感興趣；與人談話時，讓對方感受到這點很重要。2010年有項研究顯示，這樣的對話會讓對方增加幸福感。[12]

閒聊過後，比爾會討論幾個工作事項：你最近在忙什麼？狀況如何？他可以幫什麼忙？接下來，我們永遠會討論與同事之間的關係。比爾認為，同事關係比你和主管及其他高層的關係更重要。

有一次，當羅森柏格和比爾進行一對一會議時，聊到公司創辦人從未針對工作，給予他任何的回饋意見。羅森柏格想知道：老闆們到底要什麼？但比爾提出截然不同的觀點，他認為羅森柏格該擔心的，不是由上而下的回饋，而是該關注同事給予的意見。同事如何看你？

哪些做得不錯，哪些需要加強？這些意見回饋更重要，比起揣摩上意而整天惶惶不安，了解同事對你的看法會更有意義。

談完與同事之間的關係，比爾將話題轉到團隊上。他想知道團隊運作的狀況如何？我們是否替團隊設定了清楚方向？確保每個人都朝著相同方向前進？我們是否了解團隊成員在做什麼？如果他們的工作方向出現偏差，我們會討論如何導正，讓大家回歸正軌。比爾曾說：「可以把所有部屬都想成是你的孩子，你需要幫助他們走上正確道路，讓他們變得更好。」

此外，比爾會和我們談論創新。我們是否替團隊創造出創新的空間？「創新」與「執行」之間常存在衝突，我們如何保持平衡？關鍵在於維持平衡，而非顧此失彼。

除了有明確的溝通方法，比爾也強烈認為，管理者要善於溝通。在溝通形式上，他基本上是老派作風。他偏好面對面交談，如果無法見面，則喜歡打電話。他說，你不應該等到四星期之後開會再談，打個電話就行了。在比爾擔任執行長的時候，如果你收到他的電子郵件，那可是一件大事。比爾日後擔任全矽谷的教練，大家會在白天時留言給他，他晚上都在忙著回電。只要你留言，他一定會回電給你。

比爾也很擅長利用電子郵件。現在流行逐級下達電子郵件，高階主管先給自己的直接部屬發一封郵件，然後他們再用自己的話寫一封郵件，發給自己的直接下屬，以此類推。比爾總是建議我們只發一封電子郵件，直接從高階主管發給全體員工。而且多年來，他已經把寫這類郵件的藝術發揮到了極致。在為了撰寫這本書蒐集資料時，我們重讀了多年來比爾發給我們的所有電子郵件，每一封都寫得簡潔、清楚，卻又充滿感情，令我們欽佩不已。

他對身邊的每個人同樣有很高的要求。社群網站Nextdoor共同創辦人暨執行長托利亞，在2000年夏天第一次見到比爾。當時托利亞帶領炙手可熱的網路公司Epinions，創投家葛利介紹他們兩人認識。在他們第一次會面時，托利亞就領教到比爾的溝通方式。

「我為比爾準備了一份簡報。我一向習慣在簡報上放些名言，像是邱吉爾說過的話。那天，他先讓我像孔雀一樣炫耀了好一陣子，最後，他終於阻止我。他問：『你到底為什麼在裡面放那些名言？你還沒跟我說任何有關Epinions的事呢。』」比爾建議托利亞，把那些名言統統刪掉，只談公司現在正在做什麼，以及接下來會做什麼。

托利亞回憶道：「當時我的簡報九成是花拳繡腿，只有一成的實質內容。但比爾要的是百分之百的實在內容。」

一對一會議從五個關鍵詞開始

在一對一會議前，先設計好討論架構，並花時間做好準備，因為這是協助人們改善效能與成長的最佳方式。

一對一會談掌握五大溝通要點

1. 工作績效：

· 可以是銷售數字

· 或是產品研發進度或交付期限

· 或是顧客回饋或產品品質

· 或是預算執行狀況

2. 部門關係（公司內部是否團結一心的關鍵）：

· 產品部門與工程部門之間的關係

· 行銷部門與產品部門之間的關係

· 銷售部門與工程部門之間的關係

3. 同事關係：

· 同事對你的評價？

· 同事認為你有哪些地方做得不錯？

· 同事指出你有哪些地方需要加強？

4. 管理與領導：

- 你能否有效引導部屬或當他們的好教練？
- 你能否明智的淘汰不適任的人？
- 你能否努力延攬人才？
- 你能否激勵你的人員不畏艱難去完成工作？

5. 創新（最佳實務）：

- 你是否能夠與時俱進，不斷思考如何更上一層樓？
- 你是否能夠不斷評估新科技、新產品、新做法？
- 你是否能夠向業界或世界上最好的人看齊？

打破僵局、促成決議、付諸實行的決策SOP

許多高階主管都曾遇到這樣的難題：不同團隊或優秀人才之間互搶地盤。

施密特在擔任谷歌執行長的後期，有次碰上A經理希望由自己的團隊替用戶開發行動App，但B經理則認為，他的團隊才是最佳人選。雙方僵持不下，爭論了好幾週，從彬彬有禮變成針鋒相對。

每當遇到這種爭議，施密特最常採取一種他稱為「兩人法則」（rule of two）的管理手段。他會讓和問題關係最密切的兩人去蒐集更多資訊，然後共同找出最佳的解決方案。通常情況下，這兩人在一、兩個星期後就會共同選出一個最佳的行動方案。他們的所屬團隊基本上也會同意他們的建議，因為那是經過雙方共同研議後的最佳做法。

大多數時候，「兩人法則」不僅能催生最佳解決方案，還鼓勵「共同治理」的理念。它讓和問題最切身相關的兩人一起找到了解決方法，這是成功協商的基本原則。[13]團隊成員也會養成有爭議就一起想辦法解決的習慣，有利於未來的團隊運作，並帶來更好的決策。解決紛爭的研究證實，不論是採取「兩人法則」或任何方法，只要訂定好管理糾紛的標準程序，就能避免意氣之爭，也更能有效解決問題。[14]

然而，這次「兩人法則」沒帶來皆大歡喜的結果，兩名主管顯然槓上了。施密特請教比爾該怎麼做，比爾回答：「你就告訴他們，想辦法打破僵局，不然你就要幫他們做決定了。」施密特聽從比爾的建議，要求兩位經理在一星期內達成協議，但最後兩人都不願讓步，於是施密特介入，做出了裁決。

比爾認為，領導者的主要任務之一是促成決議。為了達成這個任務，他設計了一個決策架構。他不鼓勵民主制（財捷的會議表決原本是採投票制，但比爾擔任執行長之後，就不再採用那種做法了），相反的，他喜歡一種有點不太尋常、經常在即興表演中採用的方法。

在即興表演時，演員們必須合作，不斷拋出新哏，才能讓對話進行下去，一起完成演出；要是無法合作下去，演出就會中斷。比爾鼓勵大家一起參與決策，而且總是會努力營造出一個沒有權勢之爭的環境。由最高管理者做出所有決策的地方一定會有勾心鬥角，因為大家都會花心思推銷自己的想法，向最高決策者證明自己的點子才是最好的。在這種情況下，最重要的事情不再是讓最好的點子勝出，而是要盡其所能遊說最高決策者。換句話說，要看誰最會玩辦公室政治。

比爾討厭辦公室政治。他認為不論公司或團隊應該**永遠尋求最好的點子，而不是有共識的爛點子**。許多研究也證實：以達成共識為目標，只會導致團體迷思與較差的決策。[15]比爾認為，得出最佳點子的方法，就是公開表達所有意見和想法，然後大家一起討論。大家要坦誠把問題說出來，並確保人們有機會表達真實意見，特別是反對意見。如果有爭議的問題或決定，性質上偏向某個部門（例如與行銷或財務有關的決定），則應該由具備相關方面專長的人來領導討論。如果是涉及不同部門的決定，那麼應該由團隊的領導者負責。無論哪種情況，討論都應該聽取每個人的意見。

為了讓大家都發表意見，比爾經常在會前找大家單獨面談，以了解每個人的想法，這不僅讓比爾了解到不同觀點，更重要的是，這能讓團隊成員在會議上發言時做到有備而來。與比爾提前針對問題進行討論，有助於大家在走進會議室集體討論前，能夠理清想法並準備好自己的論點。等大家齊聚一堂時，有可能大家已經有志一同，也可能還有歧見，不管如何，每個人都已仔細思考過，可在會議上詳述自己的觀點並與眾人充分討論。

當眾人提出不同想法時，討論氣氛有可能變得劍拔弩張，那是可預期的，無須迴避。如同接受比爾指導的前Uber商務長邁克爾（Emil Michael）所言：「當領導者能夠讓人擺脫被動攻擊的狀態時，大家就會展開雖然激烈、但是坦誠的爭論。」

如果你的團隊運轉良好，凡事都能以公司第一而非自我第一來思考，那麼當爭論平息之後，就有可能出現最好的點子。身為領導人，組織這種討論的方式也很重要。2016年有一項研究顯示，當人們把討論當作辯論而非爭執時，參與者更有可能分享資訊，因為他們認為，在這種情況下，其他人會更容易接受不同意見。[16]

握有決策權的經理人已經知道該怎麼做（或是自以為知道）時，特別難落實這種合議制。梅爾坦承自己在谷歌就碰上這個問題。有一天，比爾對她訂定一條新規矩：和團隊討論決策時，她永遠要最後一個發言。

比爾表示，你可能已經知道答案，也可能是對的，但當你脫口而出時，你就剝奪了團隊團結一心的機會。得出正確解答很重要，但讓整個團隊一起得出答案也很重要。梅爾因此在團隊討論時，經常安靜坐著。雖然她不喜歡這樣，但成效卻滿好的。她很明顯感受到團隊成員處理問題的能力更加提升了。

但如果充分討論後，最佳點子一直未出現，此時經理人必須促成決議，或是做出裁決。比爾表示：「管理者的工作是打破僵局，幫助人員有更好的工作成果。一旦在會議中做出決議，就要讓大家承諾全力以赴，不在會後扯後腿。」

比爾曾有過痛苦的經驗，才有這層體會。他在擔任蘋果高階主管期間，當時的蘋果高層擱置決策，以致公司表現深受影響。「蘋果因此開始走下坡。一個部門做這個，另一個部門做那個，然後同一個部門的人想做的又不同。他們跑來找我，要我做主，但我負責的是銷售與行銷，無權裁決不同產品團隊間的爭論，一邊是蘋果二號團隊，另一邊是麥金塔團隊，所有人鬧成一團，最後什麼事都做不了。」

做不了決定的破壞力，有可能和做錯決策一樣大。商業世界永遠有難以決斷的問題，因為沒有完美的答案。比爾建議：該做的研議都有了之後，就放手去做，即使事後之明來看做錯了，也好過什麼都不做。

擁有良好的決策流程，和決策本身同等重要，因為良好的流程會帶給團隊成員信心，覺得自己是在向前，而非徒勞無功，甚至被扯後腿。

Adobe前執行長齊仁（Bruce Chizen）曾在Claris與比爾共事，他學到的是：「秉持誠信做決定」，也就是依循良好的做事流程，優先考慮對公司而不是對個人有利的事情，然後盡你所能做出最佳的決定，就可以不斷前進。

做出決定後，接下來就是讓所有人都全力以赴。數位學習平台公司Chegg執行長羅森斯威格碰過一個狀況，他和財務長都同意一個重要的財務決定，後來財務長卻為了一件小事而改變心意。羅森斯威格打電話給比爾詢問該怎麼處理？

比爾告訴羅森斯威格，他擔任執行長時也碰過類似的情況。比爾和管理團隊已共同做出一個重要決策，但當比爾在董事會議上提出時，原本支持這個計畫的財務長，卻在會議上宣稱不認同比爾的看法。會議結束後，比爾要求這位財務長離開。因為一旦做出決議，就算原本不同意，也應該全力支持。如果做不到，就不再是團隊的一份子。

當史密斯接任財捷執行長時，比爾也告訴過他這個亞瑟王的圓桌決策模式。比爾指出，如果你可以展開正確對話，十次有八次人們會自行得出最佳結論，不過還是有兩次得由你來做出困難決定，然後要求所有人支持那個決定。那張圓桌上沒有老大，但背後有個王座。

圓桌後的王座

管理者的工作是執行決策流程，確保各方觀點都被聽到與納入考量。必要的時候，管理者得打破僵局，負責做出決定。

依據第一原理來領導團隊

要如何做出艱難的決定呢？當一個管理者試圖推動團隊做出決定時，大家一定會有很多不同的意見。比爾建議我們透過這些意見，直擊問題的核心。在任何情境下，總有一些不變的真理是每個人都能認同的。這些真理就叫做「第一原理」(first principle)。

「第一原理」是矽谷流行的詞彙與概念，每一家公司都會有個第一原理，亦即每個人都接受的首要原則，不變的真理。你可以爭論看法，但通常不會去爭論原理。面對困難的抉擇時，領導者的工作就是重申第一原理的重要，提醒每個人，然後促成決議。

語音辨識產品製造商Tellme Networks創辦人麥丘在1999年網路泡沫頂峰時期，替公司募到2.5億美元，沒多久就被引介給比爾。比爾參與Tellme的董事會議和麥丘召開的員工會議，輔導麥丘做每一個重要的策略決定，指導Tellme與麥丘日後成立的Flipboard。

由於需要做大量的決策，麥丘有很多機會練習比爾給的建議，依據第一原理來領導。

有一次，AT&T想以數千萬美元取得Tellme的軟體授權。Tellme替大型企業打造出第一個雲端語音辨識平台，提供民眾致電給聯邦快遞、富達（Fidelity）、美國航空等公司時的電話服務。問題出在AT&T開的條件，是想開發和Tellme打對台的產品，實際上等同要Tellme完全退出雲端語音辨識事業。這筆交易萬一沒談成，AT&T告知，將全面停用Tellme的服務，而AT&T當時是Tellme最大的客戶。

這筆生意有利可圖，Tellme需要錢，也因此有的團隊成員主張應該接受。那些人真心認為，這是最好的決定。但麥丘並不這麼認為，他也知道如果直接回絕AT&T的提議，他會遭遇到內部極大的反彈，就算最後真的照他的決定去做，他也可能失去人心。

麥丘表示：「他們全是超級聰明的人，全都畢業於名校，每個人都能言善道，意見也很多，而我連大學都沒上過，不可能辯贏那群人。」（麥丘在十八歲時父親過世，高中畢業後就開始工作養家。）

更何況麥丘當時已經把自己降級為營運長，聘請辛辛那提貝爾（Cincinnati Bell）的前主管拉馬恰（John

LaMacchia）來擔任執行長，而拉馬恰贊成接受AT&T的提議（拉馬恰在2001年成為Tellme執行長，2004年底離開，麥丘再度擔任執行長）。

麥丘打電話給比爾，比爾要他思考與這次決定有關的第一原理。麥丘沿著Tellme辦公室旁的鐵軌散步，思索著未來，首先公司已經擁有可行、穩定的商業模式，改採新的軟體授權模式是否為明智之舉？第二，他們已擁有好產品，還是市場上最好的，AT&T是否可能做出更好的產品？大概不會。

最佳答案已經很清楚了，麥丘於是召集團隊，直指問題的本質，每個人都同意他的論點，因為一直以來這兩個論點就是公司的發展利基。因此，該怎麼做決定已相當清楚，會議一小時內就結束，AT&T的提議告吹。AT&T後來暫緩開發競爭產品的計畫，交給Tellme的業務量還逐漸擴增至四倍。2005年時，AT&T與SBC合併。

2007年麥丘協商把Tellme賣給微軟時，也採用相同的思考模式。麥丘與時任微軟執行長的鮑爾默洽談合作案時，突然冒出另一個開價高過微軟的買家，併購案一度差點破局。當麥丘尋求比爾意見時，比爾再次要他思考公司的第一原理，這次麥丘的結論是微軟才是最適合Tellme的買家。

麥丘於是搭機飛到華盛頓州雷德蒙德微軟總部，找鮑爾默。鮑爾默問麥丘：「我們還沒結婚，就要離婚了嗎？」麥丘告知，他決定將Tellme賣給微軟，並解釋為什麼這是對雙方最好的選擇。對於兩人之前協商的條件，麥丘也全心促成，因此從那時起，鮑爾默和麥丘成為一起讓併購案成交的夥伴。要不是比爾建議麥丘依第一原理行事，這項交易很可能不會成真。

依據第一原理解決艱難問題

當你遇到難以解決的問題時，替這個難題定義出大家都能夠接受的「第一原理」，也就構成公司或產品的基礎、不會改變的事實。然後，依據這個原理來引導大家做出明智決策。

管理桀驁不遜的人才

如何管理公司裡那些高績效、但難以相處的團隊成員，是管理者最頭痛的問題之一。

我們在科技業這麼多年，也遇過不少這樣的人才。比爾總是提醒我們，管理這樣桀驁不遜的人才是重大挑戰：「這群才智出眾的超凡人才，公司靠他們打敗群雄。但身為管理者，你必須確保公司不會因他們而天翻地覆，你要設法讓他們與人合作，但如果他們做不到並一再造成傷害，就必須讓他們離開，因為公司發展靠團隊合作。」

該怎麼做？經過多年試誤，再加上比爾的輔助，我們掌握了這門特別的藝術。

首先，你要給予他們必要的支持，讓他們拿出最好的表現。然後引導他們，而非直接和他們起衝突。讓他們可以多展現才華、盡可能減少不受控的脫序行為，就可帶來極大成效。

「他需要什麼，就都給他。」羅森柏格有次遇到一個令人頭疼的團隊成員，比爾這樣建議他。「現在，你需要全力支持他，讓他發揮將才的價值，給他發揮的空間，先不要跟他爭論。」

依據我們的經驗，這些異數的生產力過人，可以帶來龐大價值，打造出優秀產品和高績效團隊。他們可以在極短時間內抓到事物的精要，在許多方面就是比一般人頂尖傑出。他們的才華過人，表現優異，但性格上也可能是既自大又脆弱。

此外，他們很可能花很多心思在為自己的利益做打算，而且不惜犧牲身邊的人。這種以自我為中心的態度，會逐漸（或很快）對其他團隊成員造成傷害，甚至引發憤恨不平，最終這些棘手人才的工作表現，也會因此受影響。

如何抓到平衡很重要，有點桀驁不遜沒關係，但不能太超過。究竟要容忍到什麼程度？何時又算太過頭？那條模糊的界線到底在哪裡？

如果有人踰越道德界線，自然是絕對不能容忍，例如說謊、欺瞞或不道德、騷擾或欺凌同事等。從某種層面來看，這些都是比較容易處理的狀況，因為管理者該做什麼決定，判斷標準很清楚。

比較難解決的是，當他們的行為並未越線，你要如何判斷他們帶來的傷害在何時會超過他們帶來的貢獻？雖然這個問題沒有標準答案，但有幾個危險徵兆可以做為警示。

例如他們是否嚴重破壞團隊的溝通？是否經常打斷別人、攻擊別人、指責別人？是否讓別人都不敢發言？還有最重要的，這個桀驁不遜的人才，是否已占去你太多的時間心力？你已花了很多時間心力去解決衝突、和當事人溝通，卻依然沒有建設性成果，同樣問題只是一再發生？

當你必須花很多時間去做傷害控管時，就是這些棘手人才的行為太超過的徵兆。

有一名谷歌經理人在接受比爾指導時，談到團隊裡一位總是堅持己見的成員。「我實在也不知道自己到底為什麼老是要替這個人善後、幫他說話，除了他有才華之外。」他對比爾說。

比爾聽了之後，點出問題的關鍵所在，「他的才華，正是我們需要他的原因。但我們是否能夠截長補短？畢竟你沒辦法一天盯著他18小時！」

由於這名經理人需要花許多時間心力控管該員工所造成的傷害，最終只好請他離開。管理學者德福里斯（Manfred F. R. Kets de Vries）曾在《哈佛商業評論》發表一篇文章，談如何管理自戀型人格者（許多桀驁不遜的天才是自戀型人格），文中建議減少直接衝突，也就是那「18小時」中許多時候在做的事。[17]

關於人才管理，比爾還點出了一個重要的行為判斷依據，也就是這些桀驁不遜的人才是否弄對了事情的優先順序？如果他們是以公司利益為先（或至少出發點是為了公司），而不是為了個人名利，那他們的特立獨行是可以容許的。

但如果這些恃才傲物的人，不斷把自己的利益看得比團隊更重要，就算再有才華，也不可容忍。這種情形通常發生在與團隊核心工作相關的領域。無論在銷售、產品研發、法律還是其他業務上，他們都能在工作上脫穎而出，但當涉及獎酬、成為新聞焦點、升遷等議題時，就想要獨占所有的功勞。

你公司裡那些大牌的人才是否總是希望得到更多的關注、不斷強調自己的重要性？比爾本人不喜歡成為媒體鎂光燈焦點，也不信任太愛出鋒頭的人。為了公司，比爾願意做宣傳，畢竟宣傳是執行長的工作之一。然而，如果你是執行長，你的團隊裡有人一直想強出頭，成為鎂光燈焦點，那就是警訊了。

也有些大牌人才或許表面上把功勞歸給團隊，卻占著鎂光燈不放。這種行為會帶來不良效應，其他人或許口頭上說沒關係，但歷經時日很可能會衍生怨懟，因為功勞都被一個人搶走了，而其他默默付出的人反而變成了局外人。

尋求關注是自戀型人格者的特徵。2008年的研究顯示，比起其他性格的人，自戀型人格者比較容易被選為團隊領袖。[18]因此一個領袖太愛尋求關注，或許並不是什麼罕見現象。但時間久了，團體裡的其他人就會知道他是真領導者，或只是愛虛榮。團隊成員自然會洞察到，這位媒體寵兒是關注團隊能否成功，還是把重點放在自己必須萬眾矚目，一旦內部人員產生質疑，就會開始衍生許多問題！

管理桀驁不遜的人才要設底線

如何管理表現出眾卻難以相處的團隊成員？如果他們的行為沒違反道德規範、沒欺凌其他團隊成員，帶來的價值超過他們讓主管、同事、團隊付出的代價，就可採取寬容的管理法，幫助他們在組織裡生存與發展。

但你要如何判斷他們帶來的傷害是否超過他們的重要貢獻？有幾個危險徵兆可以做為警示，例如他們是否弄對了事情的優先順序、他們能否以公司利益為先而不是只求個人名利，以及他們是否已占去你太多的時間心力。

發揮金錢與非金錢獎酬的相乘效應

多年來，比爾一直在指導谷歌獎酬制度的制定與改進，他向來主張不管是金錢或非金錢的獎酬，都應該要慷慨大方的給予。

金錢的事，不永遠是為了金錢。比爾認為，公司當然應該給予員工滿意的薪水，讓他們都能過好日子，這是最基本的條件。對於每個人來說，金錢都是重要的獎勵誘因。

然而，金錢不只是金錢。公司給予員工的薪酬不只提供金錢的經濟價值，還有情感價值。從薪酬多寡，可以看出公司有多感激你的付出和你創造的價值，以及你得到的尊重和你在公司的地位，你也因此願意為了達成公司目標而全力以赴。

比爾知道，每個人都一樣，需要有人感謝他們的付出，就連那些根本不必為了金錢煩惱的人也需要感受到他人的謝意。這也就是為什麼年薪上千萬、甚至上億美元的超級明星運動員，依然希望自己的合約金額愈高愈好；他們這麼做不只是為了金錢，而是為了證明自己受人喜愛。

錢的事，不永遠是為了錢。給人高額報酬可證明公司的愛與尊重，讓人願意為達成公司目標而努力付出。

好薪酬代表愛與尊重

不管是金錢或非金錢獎酬都要大方給予。給人才高額獎酬，可證明公司的感謝與尊重，並能將他們與公司目標更牢固的連結，讓他們願意為了達成公司目標全力以赴。

維護技術人才的地位才有源源不絕的創新

1980年，比爾從智威湯遜廣告公司，跳槽到柯達。柯達的強森（Eric Johnson）對於「比爾式的思考方式」感受深刻。他說：「比爾給的是一種嶄新的視野，帶我們重新思考如何讓公司、經銷商、消費者，全都得到更多好處。」

今日四十歲以下的讀者可能很難想像，史上曾有很長一段時間，柯達幾乎是拍照的同義詞。1976年時，柯達賣出全美90%的底片與85%的相機，[19]也因此比爾進入柯達的羅徹斯特總部工作時，他加入的是業界龍頭。

柯達當時最大的競爭者是日本的富士，富士開始挑戰柯達的全球底片霸主地位。比爾剛進柯達時，富士推出一種據說品質更好的底片，不是行銷噱頭，是真的比較好，感光速度快，拍照時需要的光線更少，可加快快門速度，又不會犧牲影像品質。

比爾和行銷人員某天談到這個新競爭，比爾建議：不如我們去研究實驗室，和工程師談一談？或許他們也能發明出更好的底片。

但柯達公司不那樣做事。行銷人員不會和工程師直接對話，尤其是研究實驗室的工程師。比爾不知道這個潛規則，就算知道，他也不在乎。比爾帶著行銷同事一起進入實驗室大樓，到處自我介紹，最後真的挑戰工程師發明出比富士底片更好的產品。底片工程師動了起來，最後推出日後成為柯達主力產品的Kodacolor 200，比富士的底片還好用。

比爾曾在會議上提到：「公司的任務就是讓產品願景成真。財務、銷售、行銷等其他部門都是輔助元素，幫助產品順利問世，並確保它成功。」

比爾在1980年代進入矽谷，矽谷人顯然也不是那樣做事的。

當時，即使一家公司由技術專家創辦，很快的，投資方也會引進一位銷售、行銷、財務或營運方面的資深經營人才來管理公司。這些高階主管不會考慮工程師的需求，也不會首先關注產品。比爾也是經營人才，但他認為，沒有什麼能比讓工程師擁有自主權更重要。他一再強調產品團隊才是公司的核心，有產品團隊，才有源源不斷的新功能、新產品。

產品團隊的最終目標，是推出符合市場需求的優秀產品，達到良好的產品與市場適配（product market fit，簡稱PMF）。如果你能在正確的時間為正確的市場，提供合適的產品，那就全速前進吧。

蘋果協助打造App Store的高級主管柯爾回憶，他第一次向董事會報告App Store的概念時，比爾立刻知道這將是多麼重大的未來藍圖。有的人還以為只是錦上添花的功能，但比爾了解App Store龐大的潛能。柯爾回憶：「其他人都在問這到底是做什麼的，比爾則在問我們如何才能盡快推出它。」

比爾永遠關切速度，他對我們及其他人耳提面命：「如果你在對的時機，有對的產品給對的市場，那就用最快的速度前進。小地方會因此出錯，立刻修正就好，速度是關鍵。」

這意味著財務、銷售、行銷部門不應該指導產品團隊該做什麼。這些部門可以為產品團隊提供情報，傳達顧客需要解決的問題，以及他們發現的市場機會。[20]在提供完「產品與市場適配度」中的市場訊息之後，公司就可以放手讓產品團隊去做事，並幫助掃除可能會影響產品開發速度的一切障礙。*

正如比爾常說的：為什麼行銷會失去他們的影響力？因為他們忘了自己立足的根本 —— 產品。

比爾常提到在財捷擔任執行長時發生的一個故事。當時他們正要為銀行客戶推出新產品，因此雇用了幾位

---

* 產品團隊理應只把問題情報當作起點。企管顧問維戴爾－維德斯柏（Thomas Wedell-Wedellsborg）曾在《哈佛商業評論》發表文章，提出七種重新框架問題的方法，可帶來出人意表的新解方，包括建立正當性、找外人加入討論、把大家對問題的定義寫下來、探究遺漏了什麼、考慮多重類別、分析正面特例、探究目的。

有銀行資歷的產品經理。有一天，比爾和其中一位產品經理開會，這位產品經理只羅列出要求工程師開發的功能清單，卻未說明顧客需求。

比爾直截了當的告訴那位產品經理：「要是你以後再向財捷的工程師指定你要的功能，我就把你丟到街上。」比爾認為，身為產品經理，應該要告訴工程師消費者碰上的麻煩，並描述消費者的需求樣貌，然後讓工程師思考該有哪些功能。工程師能提供的解決方案，將遠勝於行銷或業務人員去下指導棋。

這麼做並非讓工程師天馬行空，正好相反。產品團隊需要從一開始就與其他團隊密切合作，整合成跨功能的團隊，催生解決問題的新點子，以醞釀新機會。別忘了，比爾是行銷高手，他是真的會和工程師一起攜手解決問題的人。

這意味著工程師（以及其他打造產品的成員）有能力產生影響，而且他們需要創造的自由。曾擔任蘋果董事與諾格公司（Northrop Grumma）執行長的蘇格（Ron Sugar）表示：「比爾讓我了解，在蘋果這樣的公司，獨立的創意思考，不墨守成規，是一種力量。你得擁抱不從眾的特質。」

高階主管必須有辦法和工程師們對話，即便他們不是直接負責管理工程師。比爾擔任財捷執行長時，每週五都會和工程師主管們共進午餐，大家花兩小時一邊吃披薩，一邊談自己目前正在做些什麼、碰上哪些拖慢速度的問題。比爾不是技術專家，卻很擅長和科技人才談細節。公司的科技人員也因此知道，執行長每星期都會關注他們的工作。比爾就是以這樣的方式，確保技術人員在公司的地位。

瘋狂人士的地位來自創新

公司的任務是讓產品願景成真，所有部門都要為產品服務。

離職管理的祕訣

在商業世界，裁員與解雇是不可避免的，在新創公司與科技業或許更是如此。比爾對這個問題抱持的觀點是，必須請人離開，是公司管理的失敗，不是任何被解雇者的失敗。因此，當公司裁員或解雇人的時候，管理者要讓人有尊嚴的離開。善待與尊重他們，在支付遣散費的時候要慷慨大方些，並向團隊發一封內部公開信，感謝他們過去所做的貢獻。

事實上，比爾會和接受他指導的人一起演練這些場景。整個職業生涯都受比爾指導的前YouTube副總裁梅羅特拉（Shishir Mehrotra）曾在一家初創公司工作，當時他不得不解雇一位工程主管。在和對方面談之前，比爾帶他練習整個流程，就連他該坐在會議室的哪個位置等細節都考慮到了。比爾說，在談話一開始就要把事情明確講出來，講明白事情背後的原因，包括細節。梅羅特拉擔心，解雇的決定會讓那位工程師很驚訝，結果被教練責備：「比爾告訴我，解雇理由必須明確清楚，這不應該是個意料之外的消息。」

霍羅維茲在《什麼才是經營最難的事？》一書中指出，善待離開的人，對留下來的人的士氣與心理健康很重要。「被你裁掉的人，他們和還留著的同事之間的情誼，可能遠比你深厚，因此你要給他們應有的尊重。但公司必須繼續往前走，過猶不及，也要小心不要道歉過頭。」

相關研究也證實了這個觀點：被裁的員工在乎是誰負責執行裁員，也在乎自己有沒有得到好解釋。好聚好散，對被裁掉和留在公司的人來說，都有正面效應。[21]

開除人（因績效問題終止聘雇），同樣也要給予對方類似程度的尊重。比爾告訴我們：「當你開除一個人時，心中大概會不好受一天。接著，你會想早該這麼做了。就算再給他一次機會，他也不會成功。」

如果你也遇過得請某個人離開的討厭差事，你會認同比爾的話：無論如何，讓人有尊嚴的離開。比爾曾對霍羅維茲提起一個即將離職的高階主管時說道：「你不能讓他保住工作，但絕對能讓他保住面子。」[22]

讓人有尊嚴的離開

如果你得請人離開，要掌握三原則：大方點，慷慨支付遣散費；給人尊重，感謝他們做過的貢獻；給明確解釋，好聚好散。

高效能的董事會是公司重要資產

想像你是蘋果董事，時間回到2000年代晚期，你剛在公司總部度過漫長的一天，檢視財務資訊，先睹為快了一系列嶄新的產品。你很累，但很興奮。畢竟大約十年前，蘋果曾處於破產邊緣，如今已是市場巨頭！你和其他董事會成員，以及幾位蘋果高階主管，一起前往門洛帕克附近一家叫光信（Mitsunobu）的壽司店，輕鬆一下，在忙碌的一天過後，享受一點樂趣。你們有一大群人，包廂得分坐兩桌。你喝了一杯酒，享受美味的鮭魚生魚片，和同桌的重要人物討論嚴肅話題。

突然間，隔壁桌爆出笑聲，打破寧靜的氣氛，接著有人歡呼，哄堂大笑。你想說怎麼這麼吵，轉頭就看到比爾把餐巾扔到桌子對面的高爾臉上。高爾拿起額頭上的餐巾也丟回去。比爾繼續講故事，高爾和同桌的其他人繼續大笑。那種感覺就好像過節時吃大餐，你被迫和其他大人坐在一起，旁邊的小孩桌則充滿歡樂，你羨慕的想著：好想跟他們一起坐那一桌。

比爾懂得享受樂趣。他讓同桌的人永遠像是坐在孩子那一桌，就連開完董事會後的晚餐也一樣。

比爾只正式加入幾家公司的董事會（包括蘋果董事會），但他以非正式身分加入其他許多董事會。他也因為擔任過Claris、GO、財捷等公司的執行長，擁有豐富的董事會管理經驗，知道如何和董事會偶爾一起享受樂趣。至於執行長該如何與董事會合作，好讓董事會發揮最大的作用，他也有一套嚴格遵守的準則。

對公司來講，效率十足的董事會是相當重要的資產，效率不彰只會浪費時間。不論你是否身兼執行長與董事長，比爾的做法讓人一窺碰上出席者全是大人物與大忙人的重要會議時，究竟該如何主持。

比爾對董事會的看法：由執行長來管理董事與董事會，而不是反過來。*[23]執行長如果沒先規劃好議程，並有效執行，董事會議不會成功。

議程永遠要從報告營運近況開始，董事會必須知道公司目前的情形，包括財務報告與銷售報告、產品現況、與營運情形有關的指標（如人事、公關、行銷、支援）等等。舉例來說，如果董事會設有委員會，負責監督財務稽核或獎酬制度，那就事先跟委員會開會（親自出席或召開電話、視訊會議等等），接著在董事會上報告近況。

企業營運最基本的原則，就是永遠可以簡明扼要的坦白告知公司目前的表現。有很多資料都可以事先寄給董事會成員，讓董事先看，讓他們在開會前已大致掌握現況。如果你在開董事會議時，在螢幕上投影出完整的

---

* 柏克萊加州大學2003年的研究指出：「執行長有『掌握』董事會的動機，好確保自己能保住工作，增加因為擔任執行長而能獲得的其他好處。董事則有動機維持自身的獨立性，監督執行長，在執行長表現不佳時換人。」

財報，董事會想要沒完沒了討論個不停，結果就是會議卡在營運細節裡。事先寄出財務及其他與營運有關的詳細資料，讓董事有機會先看，然後在會議中提出需要討論的問題。

董事會成員如果不先做功課，就不該留在董事會。羅森斯威格在Chegg董事會上，碰過一個總是不在開會前事先閱讀任何資料的董事，那個人每次都浪費大家很多時間，問早已提供的資料。有一次開董事會，羅森斯威格終於忍不住動怒。那一次比爾也在場，會後他告訴羅森斯威格實在不該那樣動怒，可以提前一星期就把資料寄給那名董事，明確指出這次開會將討論的部分，明白點出你期待那名董事做的功課。羅森斯威格按照比爾說的做，但同樣的事再度發生。那名董事依舊沒做準備就來開會，浪費大量時間問他早就被告知的事。

比爾告訴羅森斯威格：「我懂你在生氣什麼了。我錯了。開除他。」

谷歌開董事會時，比爾永遠提醒施密特，營運檢討會議應該有一套完整的起承轉合。明確指出哪些是做得很好、引以為榮的，哪些又是需要改進的。亮點總是很好安排，因為每個團隊都喜歡說出自己最成功的地方，不足之處就棘手了，你得敦促團隊讓他們誠實說出哪裡沒做好。施密特經常因為不足之處寫得不夠而退回給董事會的營運狀況初稿。他堅持不能報喜不報憂，以及確保不足之處的真實性，這樣董事會才能聽到好消息，也能聽到壞消息。

真實的報憂，是指誠實報告近況，包括對營收成長、產品局限、員工流失率，一直到對創新速度的憂慮等等。《哈佛商業評論》在2002年的一篇文章中指出，「尊重、信任、坦白帶來的良性循環」是「造就卓越董事會」的關鍵。[24]

董事會的開誠布公也能為公司的透明與誠實定調，影響整個公司。對董事會誠實的公司，也能對自己誠實；人們學到可以坦白說出壞消息，坦誠以告是義務。公開不足之處是一項重要任務，需要由主事者出來負責，而不是丟給財務或公關等支援部門。谷歌是由產品經理人來處理這件事。

不過，我們不會在事先給董事會成員的資料中標出哪裡是亮點或不足之處。如果事先告知，董事將花太多時間執著於不足之處，並在開會時只想先討論壞消息。

什麼樣的人應該納入董事會？答案是擁有豐富企業資歷的聰明人。他們對公司有很深的情感，真心想協助與支持執行長。科斯托洛接任推特執行長時，董事會的成員包括數名創投人士、數名公司元老，以及科斯托洛本人。比爾協助科斯托洛更換董事會成員，引進更多擁有營運實務經驗的人士。比爾告訴科斯托洛，你要有其他能仰仗的經營者。比爾也明確指出什麼樣的人是不好的董事：「那種人大搖大擺走進來，想當全場最聰明的人，而且話很多。」

讓董事會發揮最大作用

由執行長管理董事會，而不是反過來。執行長應該事先規劃好董事會議程，並有效執行，董事會才能發揮最大功效。

接下來章節將深入解析比爾如何在谷歌及其他成功的公司，擔任教練的角色，以及他的管理與領導法則帶來的深遠影響。但其實比爾在擔任高階主管時也同樣精明幹練，他的成功之道就是實踐本章提到的每一個重點，從追求卓越的營運表現、以人為先、決斷力強、注重溝通、就連最棘手的人才都能搞定。此外，專注於做出好產品，善待不得不請離公司的人士。

第3章

信任是所有關係的基石

最強團隊，成員心理安全感也最強

比爾擔任財捷執行長時，有一季公司業績不太好，營收與獲利都無法達標。董事會上大家討論該如何處理這個問題，多數董事表示，短期內達不到財務目標是可以容忍的，因為投資公司的未來遠比達成短期目標重要。如果此時刪減支出，很可能不利公司的長期發展。這觀點聽起來很合理，但比爾並不認同。

他認為，公司的營運應該更加精實，但這麼做不是為了達成短期財務目標，而是為了確立公司文化是專注在卓越營運。他解釋，這才是公司該養成的文化。管理階層的任務就是致力於營運卓越，並實現目標，這不只是為了股東，也是為了團隊與顧客。

比爾理解大多數的董事希望透過投資，專注在長期營運，但他認為養成嚴格的營運紀律，才是替公司長遠的成功著想。

那次的董事會議出現難得的意見不和：一邊是容許短期未達標的大多數董事，另一邊是曾任足球教練的執行長要求遵守紀律。熱烈討論之後，多數董事會成員仍然堅持增加支出以投資未來。最後，輪到凱鵬華盈董事長杜爾發言：「我認為，我們應該聽教練的。」杜爾信任比爾的判斷，決定全力支持他。杜爾說，他就是在那一刻贏得了比爾的信任。

如何營造信任感？掌握六個關鍵

從友誼、愛情、家庭到事業，對於任何關係來說，信任都是最關鍵元素。這也是比爾最珍視的價值。他認為，信任是所有關係的基礎。

雖然對於多數生意上的關係來說，除了信任，還有其他重要因素，例如個人目的、雙方利益交換等。但是比爾永遠把信任放在第一位，他也非常擅長和不同的人建立互信。一旦有了互信基礎，他就會力挺你到底。

信任有許多面向，曾有學術論文對信任下定義：「基於對他人行為的正面期待，願意接受可能受傷的可能。」[1]這個學術定義有點文縐縐的，但點出了一個重點：信任意味著人們感到可以安心的交出後背。

但對於比爾來說，信任有以下幾個涵義。

信任意味著**信守諾言**。如果你告訴比爾會去做一件事，那就要做到。對他來說也是一樣，他說過的話一定會兌現。

信任意味著**忠誠**。對彼此忠誠，對家人和朋友忠誠，對自己的團隊和公司忠誠。當賈伯斯在1985年被趕出蘋果時，比爾是少數公開表態力挺賈伯斯的人。賈伯斯不曾忘記那份忠誠，也為兩人日後的親密友誼與工作關係打下堅固的基礎。

信任意味著**正直**。比爾總是很坦誠，也期待別人對他坦誠。信任也與**能力**有關，意味著相信一個人真的有才華、有技巧、有能力和肯努力去完成他承諾的事。

信任涉及**保密**。施密特擔任谷歌執行長時，曾有一位團隊成員罹患重症（日後康復了），但他選擇不告知施密特和團隊裡的其他成員，比爾是唯一知情的人，他沒有告訴任何人。施密特後來知道這件事，但並沒有因為比爾隱瞞此事而生氣，反而更加信任他。

比爾是個能保守祕密的人，就連在施密特面前也一樣守口如瓶，因此他可以成為團隊中每個人的知己。這對一個教練來說是非常重要的，因為教練永遠必須知道發生了什麼事，對於被他指導的人來說，他們也需要知道比爾會尊重他們的隱私。

基礎，但今日許多商業書已不

了同樣的錯誤，在《Google模

列為谷歌的成功要素。但當我

撰寫這本書，訪問數十位比爾指導過的成功人士時，卻意外發現，大家從比爾身上感受到最深刻的就是信任。

擔任過谷歌與@Home高階主管的吉爾伯（Dean Gilbert），也是一位優秀的管理教練。他指出：「比爾可以在很短的時間內，營造出信任感，這是他的天賦。他有辦法與人建立融洽的關係，令你感到安心，感覺受到保護。營造信任感，是好教練的必要條件。」

柯斯拉（Vinod Khosla）是昇陽電腦的共同創辦人，也是柯斯拉創投的負責人。他說自己和比爾：「有良好的互信關係，不論是否同意彼此提出的意見。」

這是另一個關於信任的重要面向：信任不代表你永遠同意對方說的話，反而是你會**更勇於提出不同看法**。那些曾和比爾合作的人，都有個共同感想，不管自己的想法是否和比爾相同，你可以信任比爾，這也是他的成功之處。

可以意見不合，但不可以有敵意

許多研究都證實了信任不只是建立所有關係的首要之務，也是一切成就的基石。康乃爾大學在2000年一份常被引用的研究中，探討團隊常見的任務衝突（task conflict）與關係衝突（relationship conflict）兩者之間的關聯。[2]任務衝突是與如何完成任務有關的摩擦，因為團隊成員對工作內容與目標達成方法有不同意見而引發的，而關係衝突是與情緒有關的摩擦，因感受到人際關係的不相容與不協調所產生的負面情感反應。

任務衝突對團隊有積極的影響，可透過有益的辯論達成更好的決策，也是引導團隊做出最佳決定的關鍵，但也可能引發激烈情緒，使任務衝突升高至關係衝突，造成人員士氣低落或糟糕的決策。該如何取得平衡？該研究建議，人員之間必須先建立互信。有互信基礎的團隊依舊會有意見不合的時候，但當見解不同時，比較不會出現情緒上的敵意。

多數企業人士一見面就會直接談正事，畢竟大家都有工作要做，競爭激烈的科技業尤其如此。科技人士不以高EQ或社交技巧出名，在我們的世界裡，大家的心態通常是你必須先證明你有多聰明，我再決定要不要信任你，或至少知道你是有腦袋的。

但比爾的做法不一樣。他採取比較有耐性的方法：建立關係時，他會先認識你這個人，試著發掘履歷與技能以外的你。前YouTube副總裁梅羅特拉指出，比爾「身處在一群拚勁十足的科技人士之中，但他卻以完全不同的方式看世界。比爾把世界看成一個人與人構成的網絡，認為美好的人生建立在良好的人際關係上，了解彼此的優缺點、學著相互信任就是實現目標的捷徑。」

信任也是傑出體育教練心中最重要的事。有「紅頭」之稱的奧拜克（Red Auerbach）以球隊教練與主管的身分在過去三十年帶領波士頓塞爾提克隊十六度拿下NBA冠軍（中間一度連贏八年）。奧拜克以一句話點出信任的重要：「球員不會騙我，因為我不會騙他們。」[3]

奧拜克認為，互信會帶來穩定力量，球員會更努力付出：「當球員碰上誠信待人的管理團隊，相信我說的話，也相信組織裡任何人說的話，他們會有安全感。當球員有安全感，就不會想要離開。如果他們不想離開，就會使出渾身解數，在球場上拿出最好的表現，以求留在球隊。」

想要在團隊中培養心理安全感，建立信任是關鍵。康乃爾大學曾在1999年研究中首次對心理安全感下了定義：「團隊成員一致認為可以在團隊中直言不諱，不必害怕會冒犯誰，那是一種團隊氣氛，讓人可以安心做自己。」[4]

我們和比爾合作時就是這種感覺。他能夠在很短時間內讓我們覺得和他在一起時，可以安心做自己，不需要擔心自己的政治不正確。在谷歌的高績效團隊關鍵特質研究中，名列第一的正是心理安全感。*

這個發現與過去的團隊研究截然不同，過去的普遍看法是最佳團隊的成功關鍵，在於成員技能可以互補，或是彼此性格相近。但谷歌的團隊研究證實並非如此，**最佳團隊擁有最強的心理安全感，而安全感源於成員之間的信任。**

---

* 該研究的細節請見：James Graham, "What Google Learned from Its Quest to Build the Perfect Team," *New York Times*, February 25, 2016。

信任是建立緊密人際關係的必備要素，沒有任何人會反駁這個道理。然而，對於必須承擔重大責任、自我意識又很強的高階主管來說，互信說來容易，做起來卻很困難。

比爾是怎麼做到的？有個原則其實很簡單，那就是比爾只指導那些願意被指導的可造之材。如果你通過他的測試，他就會認真聽你說話，並對你完全坦誠。比爾深信自己指導的人能夠取得非凡的成就，因此堅定不移的給予支持。

只教願意受教的人

2002年1月的某一天，羅森柏格正開車前往谷歌總部面試的路上，心裡邊想著這份新工作非他莫屬了，谷歌的產品團隊正快速成長，將由他來領軍。羅森柏格自信滿滿。但一抵達谷歌，他卻被請到一間簡樸的會議室，裡面還有個老先生向他打招呼。

這是羅森柏格第一次見到比爾，不太清楚他是何方神聖，也不知道眼前這個老先生竟是他能否進入谷歌的最後把關者。羅森柏格心想，我可是個大人物，成功科技公司@Home的資深副總裁，這個職位非我莫屬！

比爾看著羅森柏格，感覺過了好幾分鐘，接著告訴羅森柏格，他已經和@Home幾位高層決策者談過了，包括公司創辦人傑蒙路克（Tom Jermoluk）、第一任執行長赫斯特三世（William Randolph Hearst III），以及當時也是谷歌董事的@Home投資人杜爾。比爾告訴羅森柏格，他們一致認為羅森柏格很聰明，工作也很努力。羅森柏格聽了，更加得意了。

「但那些評價都不重要，」比爾說，「我只問你一個問題：你受教嗎？」

正得意洋洋的羅森柏格，脫口而出一句讓自己後悔莫及的話：「那要看教練是誰。」

答錯了。「自以為聰明的人是沒辦法教的。」比爾丟下這句話後，便起身離開。面試結束了？

羅森柏格這才想起，聽說谷歌執行長施密特一直在接受一位教練的指導。一定就是這個人了。羅森柏格立刻關閉自大模式，收起那些自以為聰明風趣的話，請求比爾留下來。

比爾停了一下，感覺像是又過了好幾分鐘。比爾重新坐下，平靜的說自己選擇要和誰共事時，看的是對方有沒有一顆謙卑的心。

領導不是當老大，領導的任務是為更大的事服務，為公司和團隊服務。比爾認為，一個優秀領導者會不斷成長，團隊會給他們培養與累積領導能力的機會。有好奇心、學習心，才適合擔任領導人，而非自以為聰明、驕傲自大的人。

比爾接著問：「你想從教練身上得到什麼？」

這一刻，羅森柏格感覺像是人生即將從此改變的一刻。事實也的確如此。羅森柏格一時想不出來要說什麼，幸好他急中生智，做出美式足球迷說的「孤注一擲」。羅森柏格想起蘭德里（Tom Landry）講過一段話。蘭德里是指導NFL達拉斯牛仔隊長達二十九年的教練，曾經一連二十個賽季勝率高過五成，拿下兩座超級盃冠軍。

「**教練就是跟你說你不想聽的話，要你看你不想看的問題，最後讓你成就你想成就的人。**」羅森柏格說那就是他想從教練身上學到的。

羅森柏格顯然賭對了，不只得到新工作，也獲得他還不知道自己將受益終生的教練。

要想從教練關係中得到最大的收穫，學徒必須願意虛心受教。比爾的教練之道源於他抱持的一種心態，也就是每個人都有他的價值，而且這個價值不是看頭銜或角色，而是基於他這個人本身。比爾的職責是讓每個人變得更好，但前提是你願意接受指導。

比爾尋找的可造之材，是誠實、謙遜，願意努力工作，堅持不懈，永遠開放心胸學習的人。誠實與謙遜是必備條件，因為相較於一般商場上的關係，成功的教練與門徒關係來自高度的示弱。

教練不僅要了解被指導對象的優缺點，還要知道他們對自己優缺點的理解有多深？他們在哪些方面對自己誠實，他們的盲點又在哪裡？然後，教練的工作就是進一步提升他們的自知之明，幫助他們看到自己看不到的缺點。不喜歡談自己的缺點是人性，因此誠實與謙遜格外重要。一個人如果無法對自己與教練保持坦誠，不夠謙虛，不知道自己有多不完美，那麼他在這段指導關係中就不會有太大進步。

自知之明很重要，謙遜也很重要，因為比爾相信領導者是為了服務比自己更重要的大我：服務公司，服務團隊。今日很流行僕人式領導，採取這個概念領導的公司，績效表現也比較好。2012年的研究顯示，比起執行長太自戀的公司，執行長採取僕人式領導的科技公司，資產報酬率較高。在這個詞彙蔚為風潮之前，比爾就已抱持類似看法，並且身體力行。[5]

比爾眼中的可造之材，能夠明白自己只是大我的一份子。你可以充滿自信，但依舊為了更遠大的目標與團隊一起努力。這就是為什麼比爾投身於指導谷歌人，他預期這家公司有潛力可以帶給世界深遠影響力，而且可能遠大於任何單一公司主管帶來的影響。

與誠實、謙遜相反的特質是自吹自擂。曾在許多方面與比爾密切合作的前史丹佛校長、現為谷歌母公司Alphabet董事長漢尼斯表示：「比爾對於任何講話不實的人，是零容忍。」

講話冠冕堂皇，實則誇大不實的人，不只是對他人不誠實，更是對自己不誠實。比爾認可的可造之材，是從對自己誠實開始。如同漢尼斯所言：「講話不實在的人是沒辦法教的，因為他們會開始相信自己說的大話，並想法設法企圖掩蓋事實，好符合他們說出的話，因此這種人更加危險。」

對於花言巧語的人，比爾是零容忍，這或許源自他的美式足球生涯。如同漢尼斯所言：「在美式足球場上，光是會講話是沒用的！」

只指導可造之材

互信說來容易，做起來卻很困難。比爾是怎麼做到的？有個原則其實很簡單，那就是比爾只指導他定義的可造之材。自以為聰明過人或講話不實在的人，是沒辦法教的。願意接受指導的可造之材，具備五個特質：誠實、謙遜，夠努力、肯堅持，以及對學習永遠保持開放態度。

全方位聆聽

在接受比爾指導的時候，你會發現他在全神貫注的聽你說話。他不會在教練過程中去接聽電話或收信，也不會偷瞄手錶、看向窗外、心思遊蕩。他會讓你知道，他是和你在一起。

前美國副總統高爾說，他從比爾那裡學到最重要的一件事，就是「把注意力放在面前的人，仔細聆聽，接著才開始討論，要達到真正有效的溝通，專注、聆聽、對話，是有先後順序的。」谷歌資深副總裁尤斯塔斯稱比爾的溝通法是一種「全方位聆聽」，學界則稱之為「積極聆聽」（active listening）。[6]

比爾是從籃球教練伍登（John Wooden）身上學到這門技術的。伍登認為，許多領導人的共通特質是不聽人說話：「如果我們多聽，肯定會更有智慧。不只仔細聽，也不要去想自己接下來要說什麼。」[7]

比爾採取蘇格拉底的方式，傾聽之外，會問大量的問題。2016年《哈佛商業評論》有篇文章指出，提問對於成為優秀聆聽者至關緊要：「能不時提出問題、找出隱藏涵義與洞見，是最懂得聆聽的人。」[8]

創投家霍羅維茲表示：「比爾永遠不會命令我該怎麼做，他會一次又一次的提問，讓我弄清楚真正重要的事是什麼。」霍羅維茲從比爾身上學到這個重要技巧，現在他和自己資助的公司執行長合作時，也是應用這個技巧。

當人們請你提供意見時，其實是希望你認同他們做了正確選擇。霍羅維茲指出：「執行長永遠感到自己必須知道答案，也因此當他們請教我的時候，永遠是在問他們已經預設答案的問題。我從不回答那種問題。」

霍羅維茲和比爾一樣，會多問一些問題，試著了解一個情形的多重面向，不會只是回答人們早已預先設想好的問題（與答案），如此才能找出問題的核心。

認真聆聽，能讓所有的想法與觀點現形。坎普蘭在《新創公司》一書中談到關於GO公司的一則故事，當時公司的管理團隊決定改變運算系統的架構，從英特爾處理器轉換成RISC（今日多數電腦和智慧型手機都採取RISC架構）。

比爾當時是GO公司的執行長，根據坎普蘭的講述，這個重大戰略決策是比爾在一次鬧哄哄的主管會議中提出的。公司當時剛開始與微軟競爭，比爾認為，也許他們應該走「微軟不走的路」？接著團隊成員開始一一拋出最好的點子。大家爭論了好一陣子，就在這時荷馬（Mike Homer，曾與比爾在蘋果共事，後來兩人成為一生的朋友）提出更換處理器的點子，接著公司共同創辦人與軟體長卡爾（Robert Carr）提議更換成RISC。一開始大家覺得這個新點子是異想天開，但一番討論與思考後發現，這確實是最好的點子，最後決定採行。[9]

當你認真聽人說話，他們也會感覺受到重視。瑞典隆德大學（Lund University）在2003年的研究指出，「平凡無奇、幾乎有如瑣事」的舉動，例如聽員工說話、和員工聊天，其實是成功領導的重要面向，因為「人們更能感覺受到重視，被公司看到，不再是個無名小卒，而是團隊不可或缺的一份子。」[10]

領導者應該提問沒有標準答案的問題，接著認真聆聽回應。2016年的研究發現，這種真心請教的溝通形式之所以會奏效，是因為激發跟隨者的三種感知：效能感（competence），感到被挑戰，然後試圖戰勝；

歸屬感（relatedness），亦即有同舟共濟的感覺；自主感（autonomy），感覺自己能掌控局面，同時有選擇權。[11]

效能感、歸屬感、自主感這三種感知是心理學教授德奇（Edward L. Deci）與萊恩（Richard M. Ryan）率先提出人類動機理論中，與自我決定有關的關鍵要素。

如同谷歌早期的高階主管、曾協助推出公司旗艦廣告產品AdWords，日後還領導YouTube的卡曼加（Salar Kamangar）所言：「比爾能夠激勵人心。不論我們討論什麼，我都感到有人聽見我、理解我、支持我。」

練習全方位聆聽

與人溝通時，首先要專注，把所有注意力放在聆聽對方說話；不要一邊聽，一邊想著自己接下來要講什麼。接著提問，以釐清真正問題所在。最後，透過激發對方的效能感、歸屬感、自主感，以達到真正有效的溝通。

實話實說

有一天，比爾到Chegg造訪羅森斯威格。Chegg原本快破產，現在情況穩定多了。羅森斯威格在剛結束的董事會議上完成一場對前景樂觀的簡報。公司雖然沒有成長，但已停止衰退。羅森斯威格和團隊此刻處於慶祝的心情。

比爾一進到辦公室就到處走動，跟每個人打招呼，最後才去找羅森斯威格，一開口就向他說恭喜：你拯救公司了。你現在是全矽谷最成功的「零成長執行長」！會計師或許會開心，但也僅止於此，因為零成長不是你進這家公司的目標，對吧？

那一刻，羅森斯威格突然領悟到自己其實只解決了一個問題。他的確搞定了一個大問題，但比爾說得沒錯，他不只是來救援的，還希望公司能夠成長。比爾說出了實話，他感覺像是被人狠狠打了一巴掌，但的確該繼續努力。

比爾永遠說真話，不怕得罪人。他應該是世上說話最耿直的人了。谷歌董事、前亞馬遜主管謝利藍（Ram

Shriram）指出：「比爾不會隱藏任何事，也沒有任何心機，就是實話實說。」財捷共同創辦人庫可說：「比爾教會我，在給別人反饋意見時要保持誠實，說真心話，即便是向人傳達有關他們工作表現的壞消息，你也能透過坦率的回饋而得到對方的尊重與忠誠。」

比爾的逆耳忠言會有用，因為大家知道他的直言不諱是表達關心。前谷歌人史考特（Kim Scott）在《徹底坦率》中指出，所謂好主管就是「能在表達自己真實想法的同時，讓人感受到你的關心。」[12]

提供坦率回饋的另一關鍵在於不要拖延。財捷創辦人庫可表示：「許多管理者看到問題時不會馬上解決，教練則會一發現問題就提供指導，不僅即時，也更加真誠。」許多管理者會等到績效檢討時才提出建議，但通常為時已晚。比爾永遠是一發現問題就提出（或是只隔一小段時間），對事不對人，而且講完後永遠微笑，給個熱情擁抱，以消除給人的不愉快。

但當批評太尖銳時，比爾則會單獨找對方來談一談。格林（Diane Greene）在掌管谷歌雲端事業之前，擔任過威睿（VMware）執行長，和比爾在財捷董事會共事過。她從比爾身上學到，永遠不要公開的給人難堪。

格林表示：「當我真的被某個人做的事惹惱、快要爆發的時候，我會退一步，強迫自己想一想那個人做得好的地方，找出他們的價值所在。你永遠找得出優點。如果在公開的場合，我會讚美他們的優點，並盡可能在第一時間給出有建設性的回饋，但前提是先讓那個人感到安全。一旦對方有安全感，覺得有人支持他們，我接著會用『喔，對了』，然後順道說出評語。我是從比爾那裡學到這個做法。當他點出你哪裡有問題時，永遠讓人感覺他是為你好。」

羅傑斯也有類似的故事。他和比爾認識，是因為兩家的孩子都念聖心中學，當羅傑斯猶豫是否該離職創業時，比爾給他指引。兩人聊了很多，羅傑斯最後決定放手一搏，與人合夥成立阿爾塔蒙特資本公司。新公司剛開始營運幾週之後，羅傑斯寄了嶄新的公司官網連結給比爾。幾分鐘後，羅傑斯的手機響了，他還以為比爾是打電話來道喜的，結果比爾連招呼都沒打，劈頭就說：「你的網站是垃圾！」

接下來幾分鐘，比爾直言阿爾塔蒙特的網站有多糟糕，這裡可是矽谷，你不能連網站都不會做，設計成這樣，新創公司如何能成功。羅傑斯過了好一會兒，才有機會講話。「比爾的用意是激勵你拿出更好的表現。」羅傑斯表示，「他在給負面評價時異常凶狠，絕對不會放過你，這是他的優點。」

比爾即使是在孩子面前，同樣有話直說。羅森柏格的女兒漢娜從小就想進一流的大學足球隊。在美國的話，那就得進全美大學體育協會（NCAA）規定的第一級大學，但比爾看了漢娜踢球後，選擇告訴她實話。她當然有可能進入第一級別的大學球隊，甚至有的體育系會願意收她。但她也可以進第三級別的學校就好，當雞首，不當牛後，還能順便接受很好的教育。

漢娜聽了之後當然非常沮喪，但她也知道教練說得對。她後來取得華盛頓大學工程學位，畢業那年協助校隊贏得第三級別的冠軍，還拿到全美優秀學生獎。

藍道爾（Mason Randall）是聖心的明星運動員，擔任八年級奪旗式美式足球的四分衛，比爾是隊上的教練。有一次，聖心對上勁敵門羅（Menlo），藍道爾太晚攔截，聖心輸球。藍道爾下場時垂頭喪氣，比爾走到他身旁，告訴他：「我們是整個球隊一起輸的！」

我們和比爾相處的經驗也一樣，比爾總是直言不諱，但不論他說什麼，總會讓你心情好一些。這聽起來可能有違直覺，要是有人惡狠狠的說你搞砸了，理應會感覺很糟才對，但比爾的批評卻不會這樣，反而有激勵的效果。

直率加上關心，這個公式很有用！正如昇陽共同創辦人柯斯拉所言：「很多人不會真的說出心裡在想什麼，比爾則永遠有什麼說什麼，但他說話的方式，會讓你即使沮喪，也會感到他在為你加油打氣！那是很神奇的能力。」

金瑟是比爾在Claris的營運長，他回憶有一次比爾準備去痛罵一位高階主管。比爾在「罵爆」對方之前，先去找金瑟，請他事後去和對方聊一聊。因為比爾覺得那名主管被罵後，可能需要有人打氣。

於是那天稍晚的時候，金瑟小心翼翼的走進那名主管的辦公室，卻發現那個人竟然活力十足。比爾的確來過了，也真的大罵特罵了一番，但被罵的人反而因此振奮起來。

實話實說，但別讓人難堪

絕對誠實，永遠坦率，帶著關心表達負評。盡可能一發現問題就提出回饋意見，不要拖延，但如果是尖銳負評，私底下再告訴對方，永遠不要公開的給人難堪。

別把你的意見硬塞進別人耳裡

比爾聆聽你的陳述，問完問題之後，通常不會告訴你該做什麼。比爾認為，管理者不該帶著定見走進來，接著把想法「硬塞進別人的耳裡」，強行讓所有人理解它。他覺得不要告訴別人他們該做什麼，應該說個故事，讓他們自己理解為什麼要這麼做。

羅森斯威格表示：「我會先跟大家描述成功後的景象，然後才分配工作，而比爾則教我說故事。讓人聽個故事、心有同感之後，自己想出該怎麼做。就像美式足球的跑衛，你不會告訴跑衛他們該在場上怎麼跑，只告訴他們攻防線上的漏洞在哪裡，阻截的計畫是什麼，接著讓跑衛自己決定該如何做。」

比爾對羅森柏格也是這樣，他會說一則故事，讓羅森柏格回去好好想一想。羅森柏格每次都覺得這個過程像在做測驗，下回見面時，比爾會檢視羅森柏格是否已弄懂故事的意涵。YouTube共同創辦人賀利（Chad Hurley）也有同樣經驗：「這就好像和朋友坐在帕羅奧圖的運動酒吧老將。比爾會談自己發生什麼事，不試著說教，只是告訴你一個故事。」

比爾對人坦率，也期望別人對他坦率。葛藍切（Alan Gleicher）擔任財捷銷售與營運主管時，曾和比爾共事。葛藍切點出與比爾的合作方式：「不要閃躲。如果比爾問你問題，你不知道答案，不要東拉西扯，就說你不知道！」在比爾心中，誠實與正直不只是信守諾言、講真話，還與坦率有關。坦率是有效指導的關鍵，好教練不會因為碰上難開口的事就藏在心裡，他會一針見血的指出問題所在。

比爾會仔細聆聽、提供誠實的意見，並要求人們坦率。他的指導方法非常類似真誠領導的核心特色，也就是關係透明化。[13]華頓商學院教授格蘭特則用另一個詞彙來形容：「不隨和的給予者」（disagreeable giver）。

格蘭特認為，「我們通常會感到左右為難，究竟要給予支持，還是要挑戰他人。社會學家探討領導力時，得出和教養相同的結論，那其實是錯誤的二分法。更好的做法是，你既要給予支持，也得要求對方拿出好表現。你必須設下很高的標準與期待，但也要給予必要的鼓勵，讓對方有動力採取行動，基本上那是一種嚴厲的愛。不隨和的給予者表面上嚴格，不近人情，心中卻替他人的最佳利益著想。他們給的批評指教沒人想要聽到，但每個人都需要聽。」

組織心理學的研究證實了比爾的實務做法，真誠坦率的領導特質會帶來更理想的團隊表現。一篇研究零售連鎖店的報告發現，員工若是認為管理者為人真誠（例如言行一致），他們會更信任主管，店內的銷售業績也會更高。[14]

不要強行讓別人理解你

不要命令人們該做什麼，說個故事，引導他們自己做出最佳的決定。

做個勇氣傳播者

2014年時，推特和谷歌協商合作，允許谷歌把推文放進搜尋結果。推特時任執行長科斯托洛和團隊商量這個合作案，但大家對合作條件有諸多疑慮，希望先試一下水溫就好。

科斯托洛尋求比爾的建議，比爾告訴科斯托洛，他應該促成最大膽的方案，不要因為無法預知所有的小細節和小問題，而阻礙他去做大事，雙方或許可簽短期合約，但重點是格局要夠大。「這是個宏大的點子！你要想出更勇敢的前進方式。」科斯托洛後來說服了團隊採行更大膽的做法，讓谷歌存取推特的資料流。

比爾認為，讓團隊變得更有勇氣，是管理者應盡的職責。擁有勇氣是件難事，因為害怕失敗，所以人天生害怕冒險。管理者的任務就是要讓大家不再遲疑。

長期擔任谷歌高階主管的布朗（Shona Brown）稱這樣的管理者為「勇氣的傳播者」。身為教練的比爾，永遠宣揚勇敢的重要。如同創投家葛利所言，比爾教練能夠「讓人生出信心」。即便連你自己都不敢確定，他也會相信你能把事做成，而且他總會催促你超越自我設定的界線。PayNearMe創辦人與執行長薛德曾和比爾在GO共事，他說：「與比爾會面給我最大的收穫就是勇氣，會面結束之後，我總是覺得我能做到。他相信人總能做到自己都不敢相信自己能做到的事。」

前Uber商務長邁克爾說：「比爾總是能把勇氣傳遞給我，而我也總是會因此受到鼓舞。我從比爾身上學到一點：要做一個給予別人能量的人，而不是一直消耗別人能量的人。」

不斷鼓勵別人、給予別人能量，已經被證實是教練最重要的兩大特質。英國阿什里奇商學院（Ashridge

Business School）2011年的研究，將「鼓勵」列為教練排名第三的優秀特質，僅次於「聆聽」與「理解」。[15]

梅羅特拉在2001年首度創業，成立Centrata公司。公司剛成立不久後，有一天他接到一位投資人打來的電話。這名投資人認為，公司狀況不夠好，需要減少支出，他還告訴梅羅特拉，他已看了公司所有人員的簡歷，也選好該開除的人。那名投資人認為，公司該留下資歷最豐富的人，所以開除名單上，大多是資歷較淺的人。問題是這名投資人指定開除的，大多是和梅羅特拉一起創業的人。梅羅特拉並不認為請他們離開是明智之舉，但由於這名投資人一直施壓，梅羅特拉只得乖乖照辦。事後他打電話給比爾。

比爾氣壞了。梅羅特拉的勇氣哪裡去了？

梅羅特拉說：「比爾一直以來都要我信任直覺，包括那個時候。我那時才二十二歲！」梅羅特拉並不認為裁掉那些資淺員工是正確做法，他們是和他一起成立公司的人，更在乎這家公司的存亡，而那些資深人員則比較像是拿錢辦事的傭兵，苗頭不對就會走人。

比爾指導梅羅特拉拿出勇氣，跟著直覺走。梅羅特拉和比爾面談後沒多久，就把那些剛解雇的人統統請回來。那些人在接下來幾年都成為Centrata的重要骨幹。

比爾能讓人拿出勇氣，不是因為他口頭上的加油打氣，而是大家十分信任他。他的經驗豐富，也有伯樂的眼力，不是隨便給建議，如果他說你做得到，你會相信他，不是他當起啦啦隊，而是他做為教練與企業主管的豐富經驗。他會依據你的能力和進度，決定要和你說什麼。教練有效激勵人心的關鍵，就在於讓人感到值得信賴。印第安納大學在2014年的研究報告中指出，有效的鼓勵與盲目的加油，差別在於「你的鼓勵是否值得信任」。[16]

如果你相信比爾，你就會開始相信自己，自然也會有勇氣去完成眼前的艱巨任務。谷歌財務長波拉特說：「比爾幫助我前進，也讓我相信自己的判斷。」

當遇到難關時，更需要信心。J. Crew 與Gap的前執行長德雷克斯勒（Millard “Mickey” Drexler），曾和比爾一起擔任十六年的蘋果董事，堅信執行長得是個教練，在艱困時刻尤其如此。他說，當情況不好時，「大家每天來上班都會聽到不好的消息，每個人心情都很糟。領導者不可能靠自己解決所有問題，團隊士氣低落時，問題就更難解決了，因此你得先讓團隊重拾信心。」

比爾替指導對象設下高標，相信他們可以做得很好，超越他們認為自己能做到的。每個人因此立志要拿出好表現。當你對人寄予厚望，人們自然會做出回應。

傳播勇氣，不製造恐懼

做個可以給予別人能量的人，而不是一直消耗別人的能量。比你帶領的人還要相信他們，促使他們拿出勇氣。

接受你是誰，沒必要假裝

德拉蒙德（David Drummond）是Alphabet的企業發展法務長，也是非裔美國人。他說：「一個人如果來自不符合大眾期待的背景（例如你是黑人），一般會很難融入。你會面臨強大的從眾壓力，無法展現某一面的自我。矽谷人要不是技術出身，就是來自數一數二的商學院。」比爾兩者都不是，但如同德拉蒙德所言，比爾依舊「向所有人展現完整的自我」。

比爾和德拉蒙德談過許多關於身分認同的問題。比爾告訴他，人是由自己的根造就而成，他應該保住自己的動力與力量來源。「比爾讓我不再那麼在意自己是黑人的事實。」

展現完整自我，已成為潮流。比爾大力鼓勵人們在工作時做自己，和他的背景有關。他出生在工人階級聚集的鋼鐵鎮，在1980年代早期進入商界、踏入矽谷之前是個美式足球教練，沒有理工背景。他的人生充滿格格不入的經驗，卻永遠可以做完整的自己，所以他也指導他人做自己。

當你做人真誠，在工作上展現完整的自我，同事會更敬重你，你也會更懂得欣賞這麼做的人。

前財捷執行長史密斯與前MetricStream執行長亞錢博，也從比爾那裡得到類似建議。史密斯是西維吉尼亞人，口音很重；剛入行時，有人建議他接受演講訓練，去掉口音，但他決定不要那麼做。「我發現我的口音不是缺點，而是特色。」史密斯表示（完美混合矽谷的說話方式與拉長調子的西維吉尼亞腔）。「人們喜歡不一樣的領導人，感覺比較容易親近。」

亞錢博是非裔美國人，早期在IBM做銷售，他試圖擺脫自己的文化背景，努力在穿著打扮、言行舉止上與其他人相同。比爾協助亞錢博克服這個心理障礙。亞錢博說：「比爾鼓勵我愛穿什麼就穿什麼，因為別人感覺得出來你不是在做自己。接著他們就會試圖想找出你不做自己的原因，而那會帶來不信任感。」

展現完整的自己

當人們可以完整的做自己，並把完整的自己帶到工作中，他們的效率最高。

本章提到營造信任感的基本原則，這些原則讓比爾得以成為成功的企業主管教練，而那些接受過比爾指導的人又將他的教練之道傳承下去，他們也因此成為同事與部屬的教練。

營造信任感是建立所有關係的基石。但互相信任說起來容易，做起來卻很困難。比爾的做法是慎選指導對象，只教可造之材，指導謙虛、願意學習的人。

比爾的教練之道：首先認真傾聽，不分心；接著，他通常不會直接告訴你該怎麼做，只分享故事；最後，讓你自己下結論。比爾以完全坦率的態度待人，也期待你有話直說。他鼓勵大家拿出勇氣，讓人知道他對你有很高的期待，也深信你做得到。

當你和教練在一起時，你會感受到一股致力於讓你變得更好的氛圍。如同前eBay執行長唐納荷所言：「重點其實不是比爾給了我什麼建議、告訴過我哪些洞見，而是他給我的深刻感受。我感覺到的，永遠多過於我聽到的話語。」

第4章

優質團隊會戰勝一切

專心求勝，但要勝之有道

谷歌在2004年8月上市時，把股票分為兩類。A股公開出售，每一股享有傳統的投票權：一股一票。B股持股人投票時，每股等於十票，B股不公開出售，而是由公司共同創辦人佩吉與布林、執行長施密特等谷歌內部人士持有。這樣的雙重股權架構，可讓谷歌創辦人與管理團隊保有對公司的掌控權。

這種結構在當時並不常見，而且極具爭議性。在谷歌首次公開上市（IPO）的前幾個月，引發沸沸揚揚的討論。*

對佩吉與布林來說，這種股權結構是保住公司願景的關鍵。他們兩人都仰慕巴菲特（Warren Buffett），並對波克夏海瑟威採取的雙重股權結構有所了解。他們認為谷歌既是一家公司，也是一家機構。他們強烈認同長遠思考的力量，熱衷於做超乎尋常的事情，對其下大投資，不會理會股票市場的季度漲跌。

他們擔心公司上市後，就會失去這種「敢於創新」

---

* 採取雙重股權結構的早期例子，包括福特、紐約時報公司、波克夏海瑟威。自2004年起，不同股票類別有不同投票權的架構開始更為常見，如臉書、LinkedIn、Snap等公司都採取這種做法。

的習慣，所以想靠雙重股權結構來防範這種情況發生。他們解釋說，他們的利益將永遠與股東的利益保持一致，因為長期思考與長期投資，是帶給每個利益關係人最大價值的最佳途徑。

在這場股權爭論風暴中，首當其衝的是施密特。他和布林與佩吉深談過多次，三人都相信雙重股權是最好的做法，不僅能讓谷歌在目前的業務上保持正軌，還能保證公司實現統整全球資訊的使命，最終將為股東創造出比傳統股權架構更大的價值。施密特向董事會解釋背後的願景，但大家仍然有不同的意見。

與此同時，有些董事本來就一直在考慮找一位更獨立於公司營運的人來擔任新董事長，而關於雙股權結構的討論，強化了他們的想法。他們問施密特是否願意辭去董事長的職務，但繼續擔任公司的執行長。

被要求下台，讓施密特感到很受傷。他自認過去三年來，有善盡董事長與執行長之責，而且就他所知，董事會也是這樣認為的。他贏得了創辦人與員工的信任，公司表現亮眼，馬上就要上市，就因為這個股權結構的事，他們就想拔除他的董事長職位？

惶惑的施密特於是打電話給比爾，談了自己對情勢的看法與感受。

「那你打算怎麼做？」比爾問。

深感自尊心受到傷害的施密特落寞的說：「我想要離開谷歌！」

比爾問：「那你打算什麼時候離開？」

在那一刻，身為谷歌高層團隊的教練，比爾成為決定谷歌未來的關鍵人物。科技界最傑出的團隊即將分崩離析，比爾不能讓這種事發生。施密特已表明，將在星期四的董事會會議做出決定，除了辭掉董事長職位，也可能不當執行長了。

只剩兩天時間，比爾必須立刻行動。

比爾是團隊教練，他的職責是建立團隊、型塑團隊，把合適的人放在合適的位置（以及讓不合適的人離開不合適他的位置），激勵人心，並在團隊表現不佳時協助成員及時檢討。他知道，正如他經常說的：「做任何事都需要團隊的齊心協力。」這一點在體育界顯而易見，但在商業世界卻常常被忽略。

哥倫比亞大學校長布林格曾說：「只有實現大家共

同的目標，個人才能取得真正的成功。許多人並不明白這個道理，就算知道，也不了解該怎麼做到，而這正是比爾的天才之處。」

團隊優先，是比爾的指導原則。在尋找人才時，他最重視的就是這個人是否抱持團隊優先的心態。團隊要想成功，每個成員都必須忠誠，並能在必要時刻將團隊利益置於個人利益之上。讓團隊取得勝利最重要，因為團隊輸了，個人也贏不了。

達爾文（Charles Darwin）的《人類的由來》（*The Descent of Man*）很適合用來解釋這個道理：「一個部落裡有許多成員，要是每個成員可以高度支持部落，對部落忠誠、服從，具備勇氣與同情心，隨時願意協助彼此，為了大我犧牲自己，這樣的部落將能擊敗其他大多數的部落。這是天擇。」[1]

以大局為重，別讓自尊心影響判斷

時間回到2004年，比爾判斷得沒錯，即將來臨的IPO、對公司該採取何種結構的討論，以及對施密特應該辭去董事長的想法，會傷害彼此的感情。比爾理解施密特受到的傷害，也知道這個團隊需要施密特留下來。他認為，在當時和可預見的未來，施密特都是擔任谷歌董事長的最佳人選。

考量情勢後，比爾隔天打電話給施密特，告訴他：「你不能離開，這個團隊需要你。你暫時辭去董事長的職位，繼續擔任執行長，怎麼樣？」比爾還說，等過一段時間，不會太久的，他會確保施密特再度被任命為董事長。

比爾提出了一個合理的妥協方案，並懇請施密特保持對谷歌的忠誠。他對施密特說：「你現在先不用跟別人爭辯什麼。你的自尊心會影響你的判斷力，妨礙你做出對公司和自己最好的決定。」

施密特知道，比爾的分析是對的，也相信比爾真的可以兌現承諾，所以同意了比爾的提議。他們一起商議，接下來的董事會該如何進行協商。當星期四來臨時，施密特已經做好充分的準備，他辭去董事長職位，但繼續擔任執行長。後來，2007年，施密特被重新任命為谷歌董事長，直到2011年4月；接著又擔任執行董事長到2018年1月才卸任。

許多人可能會認為，施密特因一時衝動想要離開谷歌的決定完全是瘋了，真那樣做的話，等於白白放棄到手的股票。但在團隊裡，尤其是高績效團隊，其他事情也很重要，這不只是錢的問題！目標、自尊、抱負、自我等等，這些都是很重要的驅動力，任何管理者或教練都必須一起納入考量。比爾知道，必須動之以情、說之以理，從這兩個層面去說服施密特堅持下去。他的權宜之計奏效了。

在提出這個妥協方案時，比爾並沒有事先徵詢董事會的意見、取得大家的同意在不久的將來恢復施密特的董事長職務。但比爾知道，這個決定是正確的，對公司來說施密特是擔任公司董事長的最佳人選，而身為教練，他有能力促成這樣的決定。

比爾的正直，和他一貫良好的判斷力，起了關鍵作用。等到時機正確，公司完成IPO，大家的情緒都冷靜下來之後，比爾說服了眾人，讓施密特重新成為公司董事長。日後的發展的確如同比爾承諾的。

團隊優先

當涉及金額達數十億美元的IPO案，投資人、公司創辦人、高階主管為棘手議題爭論不休時，如何成功凝聚團隊事關重大。但正是在這種情況下，最需要團隊教練的指導。這個人必須能夠超越個人利益，理解所有團隊成員共同創造的價值。

打造團隊對每一家公司都至關緊要，而比爾倡導的原則也適用於組織的每一個層面。建立高階主管團隊的凝聚力，這個任務特別困難，因為大家的自我意識都很強，也各有各的抱負。

高階主管可能有機會接受一對一的主管教練，但能夠擔任主管團隊教練的人則是鳳毛麟角。一個全是大咖的高階主管團隊就算有管理教練，但他們並不是真的在做管理諮詢，而是坐著看團隊裡的每個成員各自發揮而已。就像全明星賽或許還是有教練，但此時教練不會真的指導球員打球，而是坐著享受球賽！

那麼，為什麼由公司最有才華的人組成的主管團隊還需要教練？谷歌前財務長皮契特表示：「剛加入這家公司時，我感到很奇怪。谷歌有那麼多了不起的人，他們到底為什麼需要教練？」

在谷歌發展初期，比爾在培育公司管理團隊上厥功甚偉，他的影響力一直持續到現在，未來也將延續下去。如前谷歌銷售長柯德斯塔尼（Omid Kordestani）所言：「谷歌的資深主管團隊就像一個社群，這是這家公司最獨特之處，而比爾就是這個社群的黏合劑。」

身為團隊教練，比爾會怎麼做？不管遇到什麼問題，他的第一反應永遠是先從團隊著手，而不是急著去解決問題本身。換句話說，比爾關注的是團隊的動力，而不是試圖解決團隊遇到的特定挑戰，因為那是團隊該做的事。他認為，優質團隊會戰勝一切。

比爾要做的是打造團隊，評估人員的才能，找出勇於任事的實踐者。他要解決的是最大的問題，是那些會讓事情惡化並導致關係緊張的棘手問題。比爾認為，團隊要專心求勝，但要以正確方法贏；在情況變糟時，他會加倍遵行自己的核心價值觀。他會透過消除人與人之間的誤解來調節難題，他首先會傾聽、觀察，然後把相關人員找來私下深談，最後讓團隊凝聚在一起。

桑德伯格指出：「你隨時都可以感覺到，比爾在打造一支隊伍。他做的不只是高階主管培訓或職涯指導，他談的永遠不是我這個人會如何，而是這個團隊會如何。」

解決問題或遇到機會的第一步

在幾年前的一場谷歌內部會議上，大家討論了正在進行的一些業務的成本問題。谷歌董事謝利藍表達他的關切：成本數字愈來愈高了，我們是不是該檢討怎麼解決這個問題？大家來回討論了好一陣子之後，比爾開口了：別擔心，我們有最適合的團隊，他們正在解決這個問題。

「那句話帶給我極大啟示。」謝利藍表示。「比爾不直接從問題著手，而是從團隊開始；不急著分析問題本身，而是討論團隊成員是否有能力解決問題。我們後來沒有去分析成本問題，而是討論這個團隊的人員配置，以及他們是否有足夠資源去解決問題。」

管理者傾向關注眼前的問題：現況如何？有什麼問

題？我們有哪些選項？諸如此類的問題的確值得探討，但比爾的本能告訴他，要靠更根本的方式去領導一個團隊：誰負責解決這個問題？我們有合適的人解決問題嗎？他們是否擁有解決問題所需的資源？

皮查說：「當我接任谷歌執行長時，比爾提醒我，在這個位置上，我比以往任何時候都更需要依靠別人。選好團隊成員，是我要努力思考的問題。」

我們在2010年碰上問題時，比爾也以同樣的原則指導我們度過難關。當時蘋果（其實就是賈伯斯）認為，谷歌的Android作業系統侵犯了蘋果為iPhone開發的專利。蘋果控告谷歌的商業夥伴，也就是Android手機的製造商。對比爾來說，這不只是一個商業或法律問題，還和他自己有關。他是賈伯斯的好友、蘋果董事會成員，也是對谷歌領導層有重要影響力的教練。此事就像他的兩個小孩在打架，只不過涉及的利益比小孩子的玩具重大得多。

比爾的方法依舊專注在團隊而非問題，儘管他對有關問題與手機功能相當了解，但他甚至從未對任何一方論據的是非曲直出過意見。比爾給施密特的建議很簡單，找到對的人選負責和蘋果對話，這個人就是谷歌研發副總裁尤斯塔斯。尤斯塔斯成為和蘋果溝通的首席外交官，他的任務就是確保兩家公司之間的關係不會因此破裂。

在比爾的職業生涯晚期，谷歌計畫對公司結構進行一次重大改革。公司將成立一家新的控股公司，名為Alphabet，並將其冒險事業（統稱為其他業務）從母公司轉移至其他獨立的公司。這個全新架構是公司的營運結構與管理文化的重大轉變。皮查升任谷歌掌門人，而佩吉則出任Alphabet執行長。與此同時，銷售長阿羅拉（Nikesh Arora）離去，以致領導職位留下一個大空缺。公司聯絡第一任銷售長柯德斯塔尼，他有興趣回來嗎？

柯德斯塔尼表示：「當時我們顯然已朝著Alphabet的方向走，而皮查將擔任谷歌執行長，但我們還不知道如何達到這個目標，這涉及太多複雜的步驟。」

但當比爾和柯德斯塔尼會談時，他們既沒談到營運上的調整，也沒提到這個變化涉及的任何戰術或戰略。他們聊的是團隊。比爾想要一個真正關心公司和員工的人來輔助完成這次轉型，而這個人正是柯德斯塔尼。

柯德斯塔尼說：「在這種時候還能如此關心團隊，是很難得的事。因為轉變的過程往往是相當殘酷的，但比爾並不這麼認為，管理團隊才是他最看重的。」

先解決團隊問題，其他問題自然有解

當面臨問題或新機會時，首先要確保有一個適合的團隊，而且這個團隊有足夠的資源且正努力處理這個問題或機會。

四個條件，找到對的人

比爾說：「如果你在經營一家公司，就要讓身邊圍繞著超級優秀的人才。」也就是永遠雇用比你聰明的人。「任何代替執行長管理不同職能部門的人，應該要比執行長更擅長管理這個部門。有些時候，他們代表的是人資或IT部門，但多數時候，他們代表的是公司。這些管理者都是聰明人，都有很強的能力，而公司希望他們貢獻出他們最好的點子。」

比爾要找的人才，必須具備四個特質：第一，必須聰明，不一定是學業成績好，而是能夠在不同領域快速學習並展開工作，同時在該領域建立人脈，比爾把它稱為「延伸類推」（far analogies）的能力；第二，必須努力工作；第三，必須正直可靠；第四，必須具備一個很難被定義的特質：恆毅力，亦即在被擊倒後，有熱情與毅力站起來再次衝鋒陷陣的能力。

如果比爾認為一個人身上具備這四種特質，他就會容忍這個人身上的其他許多缺點。當他在面試中評估一個人是否具備這些特質時，除了問對方做過什麼，還會問是怎麼做到的。如果對方說自己「曾帶領過一個創造營收成長的專案」，他會問對方是如何帶來成長的。從實現成長的過程，可以得知對方參與的深度：這個人是否親自動手做？是勇於任事的實踐者嗎？他是否打造了一個團隊來完成這件事？

比爾從對方的用語，是喜歡講「我」（象徵著以自我為中心的心態），還是「我們」（有可能具備團隊精神），來判斷對方是不是他要的人才。比爾還會特別觀察求職者是否停止學習？他的答案比問題還多嗎？那是不妙的徵兆！

比爾奉行的原則，絕大多數與研究結果不謀而合，但他的代名詞判斷法是罕見的例外。德州大學社會心理學教授潘尼貝克（James Pennebaker）在《代名詞的奧祕》（*The Secret Life of Pronouns*）一書中指出：日常生活中一個人常講「我」（I）或「我們」（we），不一定能說明這個人是更個人主義或更有團隊精神，但可顯示地位的差異。位階低的人（例如公司中並未擔任管理職的人、大一新生）比較常講「我」，而位階高的人（高階主管、教授）則比較常講「我們」。[2]

但無論如何，比爾要找尋的人才是願意做出承諾全力以赴，並以團隊利益為優先，而不是只關注自己成功。如同皮查所言，你要找的人必須「明白自身的成功取決於良好的合作，能夠互相讓步，以及能把公司放在第一位。」每當比爾和皮查找到那樣的人才時，「都會非常珍惜他們」。

然而，如何知道自己找到那樣的人才？有個簡單方法就是觀察一個人是否能夠忍讓，以及替別人的成功歡呼。皮查指出：「有時一個決策出來之後，就有人必須放棄一些利益或權利。我會仔細觀察他們是否願意為了大局退讓，以及退讓的程度。此外，一個人是否會因為其他人有好成績而興奮？儘管那個好成績與他們無關，但他們仍然可以替別人感到開心。我會特別留意這些細節，就好像看見板凳球員替其他隊員歡呼，就像杜蘭特（Kevin Durant）投出制勝的關鍵球時，柯瑞（Steph Curry）開心的跳上跳下。這種事裝不來。」*

2011年，施密特辭去谷歌執行長一職。在接下來的組織重整中，羅森柏格也卸下產品長職務。羅森柏格有幾個職務選項，包括接手企業事業部門（今日的谷歌雲端事業部，價值數十億美元），但他決定拒絕所有選項。因為公司改組，令他感到很受傷，覺得接受其他任何職務都等於是降級。

比爾對此非常失望，羅森柏格居然把自己受傷的自

---

* 柯瑞與杜蘭特是NBA金州勇士隊的明星球員，皮查是超級勇士迷。

尊，看得比谷歌團隊的最佳利益還要重要（但事實上，對團隊有利的選擇也對羅森柏格有利）。他犯了「源於自我意識和情緒化的錯誤」，比爾認為羅森柏格應該「把頭從屁股裡拔出來」，停止做傻事。

比爾建議羅森柏格多花點時間重新思考自己的決定，並且繼續定期與他會面。在比爾的協助下，羅森柏格後來選擇接受其他職務，重新回到谷歌的管理團隊。比爾沒有放棄羅森柏格，但也永遠不會讓羅森柏格忘記他居然曾想背棄團隊。羅森柏格也因此學到了最重要的一課：當變化發生時，必須優先考慮對團隊來說最好的選擇，因為那往往也是對自己最好的選擇。

比爾非常看重一個人的勇氣，亦即不計個人得失，為了有利於團隊的事願意挺身而出、承擔風險。皮查打從進入谷歌擔任工程師，每當遇到覺得不對的事情，他一定會說出來，在成為谷歌執行長之後，對佩吉和我們報告時也仍然是直言不諱。提出異議需要勇氣，但如同皮查所說的：「每當我說出不好開口的話，比爾都會讚許，因為他知道我是出於對公司和產品的關心。這也是我這麼做的出發點。」

對於直言不諱的員工，現在的皮查也會給予同等的尊重與支持：「有些人極具團隊精神，真心關心公司。他們的意見對我來說很重要，因為我知道他們的出發點是為了公司，而不是出於私心。」

比爾很喜歡和那些「難以相處」的人打交道，因為愈難搞的人，愈敢於說出自己的看法，雖然偶爾覺得刺耳無禮，但他們不怕違反潮流、與大眾不一樣，尤斯塔斯形容這類型的人「就像沒切割好的鑽石」。

比爾和賈伯斯的長久友誼證明了這一點，他與谷歌的佩吉和布林、財捷的庫可等創業家的長期合作關係也證明了這一點。他們都不是那種很好相處的人！我們認為比爾並沒有主動去尋找具有這種個性特質的人，但他確實能夠容忍、甚至接受他們。我們多數人可能都覺得很難和這類型的人相處，但比爾卻覺得他們很有意思，值得挖掘，有時還會協助他們打磨掉一些個性上的稜角。

一流教練往往能容忍團隊裡的成員有一點古怪與「帶刺」，甚至鼓勵這樣的特質。無論是運動員、企業創辦人，還是高階主管，那些表現優異的人往往都「很難相處」，但你希望他們在你的團隊裡。

不管你有多聰明，比爾最看重的特質還是勇於任事的實踐者。桑德伯格回想自己第一次見到比爾。那是2001年年底，桑德伯格進入谷歌的第一週。比爾問她：「你在這做些什麼？」當時桑德伯格是以「事業部總經理」的職位被延攬到谷歌，而這個職位在她來之前並不存在。事實上公司裡沒有事業部，她也沒什麼可管的。

桑德伯格回答說，自己以前在財政部工作。比爾打斷她說：「好吧，但是你在這裡做什麼？」這一次，桑德伯格回答，她覺得自己或許可以推動一些事情。比爾仍然不滿意，又問了一遍：「但是你在這裡做什麼呢？」逼得桑德伯格終於說出實話：目前為止，她什麼都沒做。

「我學到非常重要的一課。」桑德伯格表示。「你以前做什麼不重要，你現在想什麼也不重要，重點是你每天做了什麼。」這也是比爾最看重的特質：**成為做事的人，每天都帶來影響力。**

評估一個人的時候，也要考量他們能否融入團隊與公司。「超級英雄」的天資過人，什麼都能做，不管做什麼都是表現最好的。在矽谷，這種風氣特別興盛，公司的資深階層尤其如此。

然而，比爾認為：「一個團隊不能全是四分衛；你得特別留心團隊裡有哪些人，最好各有所長，大家各司其職。」不論是誰都有不足之處，重要的是了解每一個人，找出他們各自的擅長，好好研究如何協助每個人和團隊裡的其他人合作。

比爾非常欣賞高超的認知能力，但也理解同理心等軟技能的價值。這種技能在企業中並不總是受歡迎，在科技公司中尤其如此。在谷歌，比爾讓我們體認到，只有智慧與心靈的結合才能造就優秀的管理者。

此外，心態比經驗重要。比爾並不特別強調經驗的作用。他看的是你擁有的技能與心態，而且能預測你會成為什麼樣的人。這屬於教練獨有的天賦，他能夠看到一個人的潛能，而不僅僅是這個人目前的表現。

伯樂或許無法百分之百正確。如同史丹佛大學教授杜維克（Carol Dweck）在著作《心態致勝》指出，一個人真正的潛能是不可知的，因為「僅憑多年的熱情、努力和訓練，是不可能預測他會取得什麼成就的」。[3]然而，即便無法準確判斷，還是可以看出一個人的潛力，不要只是因為他們缺乏經驗就忽視他們。

許多企業都喜歡雇用有經驗的人，如果需要找人來做X工作，就會聘雇有多年X工作經驗的人。然而，如果你要打造的是一個高績效團隊、一個能夠迎向未來的團隊，那最好在招聘人才時兼顧經驗與潛能。

挑選合適的團隊成員時，還會涉及重新考慮公司現有成員中，還有誰應當被納入這個團隊。羅森柏格管理谷歌的產品團隊時，他的手下有好幾位產品管理主管，但由於公司組織架構的緣故，團隊裡並沒有包括工程主管。在分配人員與資源時，這種安排常導致一些衝突，產品主管的意見不一定總是和工程主管的意見一致。羅森柏格主持的員工會議常被用來爭論和這些決定有關的事情，有人還會抱怨工程主管沒來開會。

比爾給羅森柏格的建議很簡單：為團隊增加一些人手。羅森柏格應該邀請工程主管來參加他主持的員工會議，而且不是只邀請他們參加其中一場，而是每次會議都要邀請。然後讓他們必須參與產品計畫討論，並提出自己的觀點，最後無論做出什麼決定，都要得到所有人的支持。

這些會議不是要讓羅森柏格展現他對所討論主題的掌控能力，也不是要讓他指點大家該做什麼（比爾觀察到羅森柏格有時會這麼做），而是要讓團隊凝聚起來。要想凝聚團隊，唯一的辦法就是把因為工作密切相關而常引發爭執的人拉進來一起討論與決策。當然，大家依舊會爭論不休，但由於與會的人員構成更加豐富，大家各有所長，這些爭論都能被更快的解決，進而讓不同群體之間建立起更為牢固的關係。

比爾在事業早期就擅長挑選隊員。他在柯達的同事強森指出，柯達由於當時獲利情況相當好，不急於淘汰表現普通的員工，比爾也不是那種喜歡開除人的主管。比爾日後擔任財捷執行長時，才比較擅長處理表現不佳的員工。儘管如此，比爾在柯達工作時期就培養出一種才能，可以在任何部門找到勇於任事的實踐者，並讓他們願意表達自己的觀點，要在一家大公司裡做到這點並不是那麼容易。但比爾能夠找出具備聰明、勤奮、正直、恆毅力等特質的人，然後想辦法以正式或非正式的形式，讓大家聚在一起，針對特定專案或問題進行討論，讓事情能有進展，實現成果。

強森回憶：「大家期待和比爾一起開會，因為他召開會議或是把大家召集起來時，總會讓整場討論以結果為導向，每個人都要參與其中並貢獻想法。事實上，大家非常喜歡參與這種會議，能做為團隊的一份子，是一件正向和有趣的事。」

選對人才

比爾眼中的人才有頭腦也肯用心，他們通常有幾個特質：快速學習的能力、努力工作的意願、為人正直，有恆毅力、同理心、團隊至上的心態。

把大家聚在一起

比爾高度重視同事之間的關係。在打造團隊中，有個非常重要卻常被忽視的面向，就是培養團隊成員之間的關係。你可以讓事情自然發生，但這種關係的刻意培養也很重要，不能一切隨緣。因此比爾會找一切機會，把人們聚在一起。

怎麼做呢？比爾會找一些平常不在一起工作的人，讓他們合作完成一個任務、專案或決策。不論他們做什麼，在合作過程中往往可以建立起信任。喬治城大學的麥克亞利斯特（Daniel McAllister）在1995年的研究也顯示，經理人與同事的互動頻率增加時，信任感也會隨之增加。[4]

促成人員配對合作，是比爾最早給羅森柏格的建議之一。在旁聽了羅森柏格主持的幾場員工會議後，比爾告訴他要給部屬更多指導，不要只是像個獨裁者一樣指派任務給大家，透過讓他們在一些事情上相互配合的過程，把大家凝聚在一起。因此從那之後，在為財報電話會議準備資料、碰上舉辦地點不在公司的團隊活動、薪酬與升遷規劃、開發內部工具時，羅森柏格不再直接指派工作，開始把不同的人組合在一起共同完成工作，最後的收穫很明顯：決策品質更好，團隊也變得更強大。

比爾也建議羅森柏格去和不同的人交流。當皮契特剛到谷歌擔任財務長時，比爾要羅森柏格去找皮契特，帶他熟悉環境。這對皮契特很有幫助，同時也在施密特的高階主管團隊裡多了兩個彼此信任的關係，這正是這種做法的真正目的。

完成任務很重要，但同事之間有機會在某件事上共同努力，並相互了解和信任，也同等重要。這對團隊的成功將發揮極大作用。

配對合作讓陌生同事變親密戰友

同事之間的關係至關緊要，卻常被忽視。比爾的做法很簡單，但相當有效：找機會混搭平常不在一起工作的人，讓他們共同完成一項任務、專案或做出決策。製造機會讓人員之間了解彼此，可加速團隊信任感的建立。

同事回饋意見調查表

比爾深感同事關係的重要，因此設計了一份同事回饋意見調查表，在谷歌已使用多年，是我們營造團隊信任感很重要的工具。回答問卷的人要提供關於同事的回饋意見，比爾認為，從調查結果可清楚看出某個人在同事眼中的表現如何，而同事就是績效考核時最重要的評估人。

這項調查一開始主要評估一個人在四個方面的表現：工作表現、與同事的關係、管理與領導力、創新能力。後來比爾堅持擴展問卷內容，把一個人在會議中的表現也納入，因為他對於有人在開會時盯著手機或筆電感到很生氣。此外，我們還新增了一項與合作有關的問題，而如果是產品主管，另外有關於產品願景的問題。完整問卷如下：

核心表現

針對過去一年，你有多同意或不同意該同事在以下各方面的表現：

- 在工作上盡忠職守，有優秀表現。
- 展現世界級的領導力。
- 創造出成果，符合谷歌整體與所屬事業單位的最佳利益。
- 透過創新或應用最佳的做法，不斷擴展谷歌的業務範疇。
- 與同事有效的合作（例如能愉快的共事，或與他人共同排除障礙、解決問題），並在團隊中提倡與身體力行合作的重要。
- 在主管團隊會議中做出有效貢獻（例如會前準備充分、積極參與討論、認真傾聽、保持開放心態與尊重他人、建設性的表達不同看法）。

產品主管表現

針對過去一年，你有多同意或不同意該同事在以下方面展現堪稱模範的領導能力：

- 產品願景。
- 產品品質。
- 產品執行。

開放式問題

- 你覺得每一位高階主管與眾不同的特點是什麼？他們傑出表現的關鍵因素又是什麼？
- 你會給每一位高階主管哪些建議，讓他們更能發揮效能或創造更大的影響力？

讓每個人都有機會坐主桌

1980年代時，科技公司的高層大多是男性，女主管很少*[5]，蘋果公司負責美國地區的人資長畢多尤（Deb Biondolillo）就是其中之一。不過，在每週一次的主管會議上，畢多尤總會坐在牆邊的一排椅子上，而不是和其他高階主管一樣坐在主桌。比爾忍不住問她：「你坐在後面幹什麼？坐到前面來！」

終於有一天，畢多尤很早就到會場，緊張的在主桌找了個座位。其他人陸續走進會議室，艾森坦（Al Eisenstat）坐在畢多尤旁邊。艾森坦是蘋果的法務長，也是一位充滿活力的高階主管，在比爾加入之前，他是蘋果公司數位行銷主管之一，位高權重，在蘋果早期成長過程中扮演重要角色。他還以粗魯聞名。

那天他一坐下，看見坐在自己旁邊的畢多尤，質問：「你在這裡幹什麼？」

---

* 三十年後，女性依舊是科技主管中的少數族群。美國平等就業機會委員會在2016年的報告指出，女性占高科技高階主管的20％，在2018年Entelo的女性科技報告中更是只有10％。

畢多尤十分緊張，但還是試圖鎮定的回答：「我來開會啊。」

「艾森坦看了我好幾秒鐘，」畢多尤後來說。「然後，他看了看比爾。就在那時，我知道我過關了。比爾會支持我！」

當艾森坦把眼光投向比爾時，比爾示意那是他鼓勵的。畢多尤回想那一刻，就在兩位高層交換眼神的一瞬間，她知道比爾會站在背後支持她，她也因此得到力量和信心。

在我們的職業生涯中，比爾是我們見過最支持女性「坐到主桌」，勇敢表達自己看法的人。早在多元化成為流行議題之前，他就認為團隊應該實現性別均衡。

這有點違反直覺，比爾熱愛美式足球、熱愛啤酒，不愛拐彎抹角，也會說粗話，總是直言不諱。但我們訪問的所有和比爾共事過的女性，都很能接受比爾的風格，因為她們眼中的比爾是一個性格直率的人，即使在傳達棘手訊息時也帶著尊重、熱情與坦率。

我們很早就從比爾身上學到，建立團隊時，你得拋開自己的偏見（我們每個人都有偏見）。對比爾來說，放下偏見卻很容易，因為要在市場上贏得勝利，靠的是最佳團隊，而成員多元化有助於組成最佳團隊。

2010年有兩項研究支持比爾這個論點。研究人員檢視不同團隊的集體智慧，探討為什麼有些團隊比個別成員的智商加起來還要「聰明」？原因有三：第一，在高效團隊中，每個人都會做出貢獻，不會由一、兩個人主導討論；第二，這些團隊的成員更擅長理解複雜的情緒狀態；第三，團隊裡的女性成員占比更高。在一定程度上，我們認為這和女性往往比男性更善於理解他人的情緒狀態有關。[6]

因此，比爾總是鼓勵我們多考慮聘用女性擔任資深主管的職位；他認為「不論是什麼職位，永遠找得到優秀的女性來擔任，只不過找人的時間可能會久一點。」比爾平日有機會就幫忙招聘女性主管，例如在2015年延攬波拉特加入谷歌擔任財務長。

比爾也鼓勵自己指導的女性更加積極的爭取更高的職位，承擔更多和盈虧相關的責任（也就是承擔事業單位或公司的財務責任），尤其要努力爭取人力資源或公共關係等由女性主導領域以外的機會。他還會把自己認識的成功女性介紹給其他成功女性。他對公司裡大家交談時出現的任何性別偏見，都持零容忍的態度。

比爾把伯頓（Eve Burton）引進財捷董事會，並在她擔任赫斯特媒體集團（Hearst）資深副總裁與法務長的期間，與她有廣泛的合作。比爾指導她談判各式內容合約，兩人還讓哥倫比亞大學和史丹佛大學在新聞學與技術方面建立了合作夥伴關係。

但對比爾來說，最重要的工作莫過於赫斯特實驗室（HearstLab）。在比爾的督促與指導下，伯頓在赫斯特創立了這個育成中心，專門輔導由女性領導的初創公司。赫斯特實驗室孕育出的企業總價值目前已超過2億美元。伯頓指出：「赫斯特實驗室是比爾督促我做的最後一件事。他希望提供女性創業家一個園地，種下創業的種子，並成長茁壯。」

此外，比爾也提供女性讓衣服沾上草漬的機會。有一天，格林來參加財捷董事會議，和比爾聊起兩人的孩子。格林的兒子在中學打奪旗式美式足球，五年級的女兒抱怨不公平，男生可以打美式足球，女生卻不行。比爾聽到後，要格林在星期四下午，帶女兒到阿瑟頓附近的聖心私立中學，但沒說要做什麼。格林帶女兒過去時，看見一群女中學生正在練習美式足球。比爾在場上指導這群女球員，花的精神和他指導男子隊一樣多（講話的方式同樣很坦率）。

格林表示：「比爾要我的女兒看見，女生也能打美式足球。他願意指導美式足球隊，就算是小女生的球隊也沒關係。他特別挪出時間做這件事，卻幾乎沒和任何人提過這個善舉。」

比爾還花時間與成年女性組織的成員交流。例如，在成為MetricStream執行長後沒多久，亞錢博就成立了一個女性執行長團體，為彼此提供支持與指導。亞錢博邀比爾參加了該組織的一次聚會。大家相談甚歡，此後便開始定期舉辦活動。他們會一起到比爾在帕羅奧圖的辦公室，花幾個小時討論某個特定的議題。比爾通常會預先做準備並規劃會議流程。他不會告訴女士們該做什麼，而是講述他碰過的故事，然後問大家一些問題。

在大多數討論中，「與會的執行長都是女性」這件事甚至都不會被提起。然而，當大家真的談到多元化議題時，或是一些女性執行長談到她們所經歷的一些偏見時，比爾總是會感到很沮喪。他會提醒她們，有機會時應該多考慮給身旁的女性。可不要小看這個提醒。

2017年《哈佛商業評論》有一篇文章指出，少數族群中的成員有時會不願意將同一群體的成員帶進自己所屬的組織，以免別人覺得他們徇私，而且他們會擔心自己推薦的人選「表現不夠好」。[7]所以比爾總是告訴亞錢博和其他女執行長們，在找董事會成員時，請先看看她們這個團體裡有沒有合適的人選。

亞錢博替公司的印度班加羅爾辦事處發起女性多元計畫時想起比爾的話。當地辦事處有一千多名員工，其中三成是女性，在當時的印度科技公司來說是很高的比率。計畫推出不久後，亞錢博到當地巡視業務，了解計畫的進展。

亞錢博召集多元化委員會與主管團隊一起開會，會議室主桌旁的座位不夠所有人坐。亞錢博注意到，出席的女性全坐在牆邊的椅子上，而男性則是自動坐在主桌邊。亞錢博攔住了那些男性，要女性坐到主桌來，男性挪到外圍的椅子，然後才開始開會。

會議結束之後，亞錢博問男士們坐在牆邊而非主桌旁，有什麼感覺。他們說：「感覺怪怪的，心裡不太舒服。」

亞錢博回答說：「沒錯，要想真正的接納每個人，就應該讓每一個人都有權利坐到主桌來。」

讓每個人都有機會坐主桌

成功靠的是優秀的團隊，而優秀的團隊裡一定要有更多的女性成員。

解決被刻意忽視的棘手問題

科技公司通常很重視理性管理，然而這會產生一個問題。聰明的分析型人才，尤其是我們這些學電腦科學和數學的人，很容易假設數據及其他實證證據可以解決天底下所有的問題。抱持這種世界觀的量化分析師或電腦科技人員，也傾向於認為由人組成的團隊總是會存在混亂和情緒性反應等不理性行為，而以數據驅動的決策過程能解決這些問題。當然，人的決策並不能總是以數據為依據，當狀況發生，衝突不會自然而然消失，成員之間因為尷尬，會盡可能避而不談這些情況，結果讓彼此關係與問題本身更加惡化。

問題明擺在大家眼前，每個人卻都假裝沒看見，這種被集體刻意忽視的棘手問題常稱為「房間裡的大象」（elephant in the room），明明有個大問題，每一件事都受影響，卻沒人想去處理它。前雅芳執行長鍾彬嫻表示：「只要有比爾在，房間裡永遠不會有大象。」或者應該說，可能有一隻大象，但不會被藏在角落裡。比爾不允許大家視而不見，他會把問題直接擺在大家面前。

長期擔任谷歌高階主管的布朗指出：「這是一種源於美式足球運動的心態。要正視進攻線上最薄弱的環節在哪裡？或是二線防守在哪裡？」在谷歌任職期間，布朗每週都會和比爾合作，一起解決營運上的問題，其中許多問題都是潛伏在暗處的大象，被大家選擇視而不見的。谷歌發展得太快了，流程的制定跟不上。布朗表示，比爾的做法是永遠先處理最困難的問題，「確保最重要的事，被第一個解決。」

要測試某個問題是否已經在團隊成員之間悶燒太久，讓大家正視問題的方法，就是試探團隊能否開誠布公的討論那件事。而這正是比爾發揮作用的地方，他就是那個「衝突發現者」。

衝突換句話說就是「政治」。明知有問題卻迴避討論，背後的壓力往往來自「辦公室政治」。當聽到有人說事情變得「政治化」時，通常意味著數據或流程沒能促成最佳決定，而是由個人的好惡來主導時，這種問題就產生了。

正如我們之前所說的，比爾最討厭搞政治。他曾告訴羅森柏格：「搞辦公室政治會造成極大的負面影響，我們要在不玩辦公室政治的環境中成為一家大企業。」比爾教我們對於最麻煩、最醜陋的問題，必須正面迎擊，不能迴避。正如谷歌前公關長萬特史托（Rachel Whetstone）所言，比爾會明確提出問題，強迫所有人都關注它，「不留任何空間給人搞辦公室政治」。

幾年前，我們碰上一個狀況，兩名產品主管爭論究竟該由誰的團隊來管理某系列產品。兩個人都提出應該歸給自家團隊的合理主張。有一段時間，這個爭議被當成技術方面的討論，最終可由數據決定該怎麼做。然而，事情並未獲得解決，結果問題惡化，兩方的關係變得很緊張，甚至導致團隊內部以及與外部合作夥伴之間產生了問題。到底該由誰來當家？

此時比爾介入了。必須召開會議，做出艱難抉擇，一位高階主管會獲勝，另一個高階主管會成為輸家。場面很尷尬，但問題必須解決。

比爾促成了這次會議，他發現一個尚未得到解決的問題，並強制大家討論它。對於如何解決這個問題、產品屬於哪個團隊，他沒有明確的意見。但他知道，我們當時必須決定產品的歸屬，那就必須把爭議搬到檯面上，在當事者面前做出決定，不能讓問題繼續在公司裡悶燒，導致更大傷害。

那次會議是我們碰過最劍拔弩張的會議之一，但也是必須召開的會議。

解決最大的問題

找出大家避而不談的棘手問題，把它攞到所有人面前，然後優先解決，以免這些問題因辦公室政治繼續在公司裡悶燒，造成更大傷害。

負面情緒本身就是一個問題

蘋果第二代iPhone（iPhone 3G）上市當天，情況不太順利。每一支售出的新機必須先連接到蘋果的伺服器完成啟動，然後才能正常使用。然而，2008年7月11日上午，手機正式銷售時，伺服器卻因技術問題大當機。民眾可以買到新手機，但買到後卻無法馬上啟用。雪上加霜的是，手上有上一代iPhone的民眾，如果試圖升級到新的iOS作業系統（第一個支援App Store的系統），他們的iPhone也會中途當機。套用科技術語，他們的手機「變磚了」（bricked）。

在蘋果的庫柏蒂諾總部，柯爾和他的團隊聚集在一間會議室裡，試圖找出解決辦法。柯爾說，當時「一片混亂，那是我在蘋果最黑暗的一天。所有問題一起湧現，我們試著找出到底發生什麼事。問題究竟出在哪裡？會議室裡，大家心情都很糟。民眾徹夜排隊搶購，而我們卻不能賣出任何手機！」

柯爾意識到，負面情緒本身就是一個問題。「我們必須集中心力，理清思路，先停止擔心手機的銷售，把心思放到解決關鍵問題上。」

柯爾帶著團隊以正確的心態思考眼前危機，並開始著手解決問題。第一步是取消iOS更新，這樣民眾就不會再嘗試升級他們的iPhone。然後，他們開始重啟伺服器，幾小時後，伺服器順利重啟。

比爾人不在現場，但大家感覺到他的影響。比爾的做事原則一向就是公開透明，永遠會確保問題得到徹底且坦誠的溝通，讓大家完全知道發生了什麼，然後該做什麼就做什麼。

柯爾說：「比爾教會我很重要的一點，當人們開始出現負面情緒時，讓他們把問題講出來，並針對問題加以解決，不要讓怒火愈燒愈旺，以致大家陷在負面情緒裡太久。」

心理學家稱這種方法為「聚焦問題的應對策略」（problem-focused coping），而與這個策略相對應的則是「聚焦情緒的應對策略」（emotion-focused coping），亦即直接調整對問題的情緒反應。當面臨無法解決的問題時，「聚焦情緒的應對策略」可能更合適，但在職場環境下，對情緒的關注，以及情緒的發洩不能持續太久，如此才能把更多心力放在解決問題上。[8]

1997年，賈伯斯重返蘋果擔任執行長。回歸之後，比爾與蘋果董事會曾有很多機會運用聚焦問題的應對策略。蘋果今日已是全球最成功、市值最高的企業之一，許多人可能忘了在賈伯斯重返蘋果時，蘋果幾近破產。當時公司經歷一段艱難時期，即使後來成功推出iMac、iPod、iPhone、iPad，依舊遇到不少次危急的關鍵時刻。比爾的做法永遠是：**愈是危急時刻，愈要保持冷靜，做有建設性的事，把注意力集中在如何解決問題上。**

前雅芳執行長、2008年加入蘋果董事會的鍾彬嫻稱此為「向前學習」（learning forward）」：發生問題沒關係、誰該受責罰不重要，重要的是找出現在我們該如何處理這件事。

比爾之所以能把重點放在解決問題上，訣竅是盡量保持正面積極的心態。負面情境會影響心情，人會變得憤世嫉俗，失去樂觀精神。蘋果資深副總裁柯爾說：「在那些早期的歲月，我們跌跌撞撞，經歷了一些困難，但比爾一直是董事會成員裡最正向積極的董事。」

許多人很容易以為這種態度不過是像啦啦隊長一樣歡呼喝采，但柯爾發現，比爾除了加油打氣，更會找出真正的問題，並協助團隊解決問題。他在解決問題時毫不退縮，啦啦隊長卻不會這麼做。

研究顯示，積極正向的領導者會讓解決問題變得更容易。[9]比爾經常會表揚團隊與個人，給他們擁抱，拍拍他們的肩膀，增強大家的信心，給予人們安慰。因此當比爾提出尖銳問題時，所有人都知道他是站在自己這邊，他只是在推動事情向前發展，因為他想讓大家變得更好、更成功。比爾總是能一針見血，但態度又很正向積極。

比爾的做法讓人感受到運動教練的精神。當我們離開辦公室，指導孩子的足球或棒球隊時，總是一再聽見「正向教練」（positive coaching）的重要性，也知道要先給人讚美，再給予有建設性的回饋意見，成效最好。但一回到工作環境中，我們就把這些價值觀全忘了，又開始斥責別人。

我們並不是建議每個人都把自己的團隊成員當作操場上的孩子，但比爾的方式表明了，即使在一個組織裡的最高管理層，一些最基本的教練原則也是有效的。

別讓負面情緒持續太久

公開說出所有負面的事，但不要一直陷在情緒中，立刻著手解決問題，愈快往前看愈好。

用對的方式贏

在體育界，教練和球員會談到一種「求勝文化」，以及擁有這種文化的那些運動隊。最輝煌的體育王朝包括波士頓的塞爾提克隊（1959年至1966年間連奪八次NBA冠軍）、聖保羅的山度士足球俱樂部（1955至1969年間十一次奪得冠軍）、加州大學棕熊男子籃球隊（1964至1975年拿到十座冠軍）、曼聯（1992至2011年拿到十二座冠軍），以及新英格蘭愛國者隊與舊金山四九人隊（兩隊皆拿過五座超級盃冠軍）。

另一項足以媲美的紀錄是十四年間拿下十座聯盟冠軍，也就是比爾在聖心中學的奪旗式美式足球隊達成的紀錄。聖心這所私立學校位於加州阿瑟頓，也就是全美最富裕的行政區，但比爾在這所私立中學建立起美式足球王朝。他告訴孩子：你們不是阿瑟頓的富家子弟，你們是聖心驍勇善戰的戰士。

說到教練工作，或是領導一家公司，就不能不談到求勝。優秀教練必須鼓勵隊員求勝，優秀領導人也一樣。比爾並沒有因為聖心是一所中學或是私立學校，就在執教方式上有任何區別，是什麼學校其實並不重要。這依舊是美式足球，你打球依舊是為了贏。

比爾要求球員具備熱情與奉獻的精神，還有最重要的是要忠誠，就和他對職場人士的要求一樣。有時家長會向比爾解釋，他們的孩子在練習時間會遲到，因為他們還得去參加其他運動。比爾的回答是「沒問題」，他依舊會好好指導他們的孩子，但是放在候補隊訓練，他們將沒有機會成為主力。對於比爾球隊裡的任何一名球員來說，美式足球不會是他們第二重要的運動選項，球隊也不會因為要滿足一個人在美式足球以外的興趣而給予特殊待遇。

比爾也以相同的標準要求自己和其他教練（都是對自己要求很高的義工教練）。每年秋天的每個星期二、四下午，比爾都會在聖心的美式足球場上帶大家練習。絕大多數的人都知道，練習時間不要打電話給比爾，但至少有一個人不知道。

比爾的手機偶爾會在練習時間響起，他會從口袋裡掏出手機，瞄一眼是誰打的，也給孩子們看一眼手機螢幕顯示，讓他們知道是誰打來。然後比爾會把手機放回口袋，不接賈伯斯打來的電話。

比爾的球員說：「我們知道，在一小時的訓練時間裡，我們在比爾眼中是最重要的。沒什麼比這更酷的了。我們得到他全部的注意力。」

不過，贏得勝利並不是比爾唯一關注的事。他關心的是勝之有道。他經常說，他之所以轉到商界，是因為他不是個優秀的美式足球教練。這種說法有待商榷，但毫無疑問的是，比爾有能力向大家灌輸求勝且勝之有道的文化。這種文化也是比爾在聖心中學、谷歌和他工作過的公司向大家傳授的。

前惠普高級主管布拉德利（Todd Bradley）曾與比爾密切合作，他說自己從比爾身上學到最重要的一課，就是「以開明的方式贏得勝利」，也就是以團隊而不是個人的身分贏得勝利，而且要合乎道德的贏。**不論是在商場或體育界，如果一個人不在意功勞落到誰頭上，那他更有可能達成超凡的成就。**

我們做訪談時，許多人所認識的都不是那個商界人士比爾，而是美式足球教練比爾。令我們印象深刻的是，在對待他指導的高階主管（例如我們）時，比爾的要求和他對中學美式足球員的要求是一樣的。同樣是要求人們做出承諾並保持忠誠，絕不容許不誠信，也同樣偶爾會將粗話（學校的孩子們成立了一個「坎貝爾教練髒話」基金，他每講一句粗話，學生就會跟他收10美元，這筆錢後來成為學校興建球場的頭期款）。他會全神貫注的聽孩子們講話，還會把他們拉到一旁，來個簡短的一對一交流。他的話也許很直接，但充滿真摯的愛。不管你是中學生，還是大企業主管，他都抱持同樣的態度，不會有什麼不一樣。

比爾對待進階許多的美式足球員也是一樣。巴奇和比爾是同鄉，皆為賓州荷姆斯特人，兩人是認識多年的好友，一起為家鄉做出貢獻。巴奇在東密西根大學擔任四分衛，接著替底特律雄獅隊與匹茲堡鋼鐵人打了十五年的NFL。

匹茲堡鋼鐵人隊的主場距離荷姆斯特僅10英里。2012年時，鋼鐵人的先發四分衛羅斯利斯伯格（Ben Roethlisberger）受傷，巴奇替補。那場球賽打得不是很好，巴奇三度扔出抄截，鋼鐵人最後輸給布朗隊。輸球後的那週，比爾和巴奇在荷姆斯特的一場活動上遇到。

比爾看了那場球賽，念了巴奇一頓，要他改正態度，挺身而出，負起責任，做一個名副其實的職業球員。巴奇沒料到會被當場訓斥，但不感意外，比爾說得沒錯。

接下來的那個星期日，巴奇帶領鋼鐵人從落後十分，一舉打敗對手巴爾的摩烏鴉隊，五度成功傳球，完成致勝的進攻。他從慶功的更衣室走出來時，接到比爾的簡訊：「這樣才對嘛。」

勝之有道

要專心求勝，但也要勝之有道，靠全心投入、團隊合作與誠信取勝。一個人如果可以不在意功勞是否落在自己身上，那他更有可能達成超凡的成就。

領導人真正該做的事

2010年，當羅森斯威格加入Chegg時，他被告知公司六個月後將IPO。但實情卻是公司大約再撐三個月就要破產了。羅森斯威格力挽狂瀾，帶領公司在2013年上市，但隨後股價暴跌，遠低於上市發行價。在經歷了多年艱苦努力後，羅森斯威格感覺壓力巨大，開始失去信心。這家公司能成功嗎？他是領導公司的合適人選嗎？他打算辭職，但沒告訴任何人。

有一天，羅森斯威格接到了比爾的電話。比爾已經指導羅森斯威格多年，幫助他走過了Chegg起起伏伏的歲月。

比爾說：「我們一起去散步。」

「現在嗎？我過去你那裡嗎？」

「不用，我們就在電話裡聊聊。」

比爾要羅森斯威格在Chegg繼續撐下去。比爾告訴他，領導者的任務就是領導，你不能遲疑，你必須做出承諾。你可以犯錯，但不能猶豫不決。因為如果連你都不是全心投入，你身邊的人也不會。要投入，就要真的拚盡全力。

羅森斯威格說：「我不曉得比爾是怎麼知道我正在考慮離開，但他就是知道，而且沒有把他的直覺藏著，而是開誠布公跟我談。」羅森斯威格後來留下來繼續領導公司，重振旗鼓，他的團隊都跟著他，齊心協力扭轉情勢。

談起獲勝時總是會感覺良好，也很有趣，但輸的時候又該如何？比爾知道失敗的滋味。他執教的哥倫比亞大學球隊輸掉了很多場比賽，他加入的新創公司GO也失敗了，讓投資人損失了很多錢。*

失敗是一個好老師，比爾從相關經驗中學到一點：成功的時候，要做到忠誠與投入很容易，失敗的時候要做到這兩點則會困難很多。然而，如同羅森斯威格的故事，事情進展不順利時，忠誠、投入、誠信更加重要。情況很糟時，團隊更需要領導者擁有這些特質。

在哥倫比亞執教時期，一次特別慘痛的失敗之後，

---

* 比爾常說：「感謝上帝有Webvan。Webvan賠了太多錢，讓人們忘了GO的事。」Webvan從私人投資者那募得超過4億美元，1999年IPO時又募得3.75億，2001年破產。GO則大約賠了7,500萬。

比爾在更衣室對著球員們大吼大叫，嚴正警告了所有人。他日後回想：「我沒能帶好那支球隊，失控大吼的那一刻，我也失去他們的信任。」

他沒能讓球隊振作並團結起來，沒向球員展示他對球隊的忠誠，也沒做出對球員們有幫助的決定。他只是對著他們亂吼一通。比爾把那一刻記在心中——他真正輸的那一刻。

在不順利時，決斷力也變得更加重要，就像GO公司在最後的日子裡展現的那樣。坎普蘭在《新創公司》一書中提到GO公司的一個關鍵時刻。一天下午，比爾要求公司高層齊聚一堂，召開緊急會議。當時公司已經掙扎了一段時間，銷售額幾乎是零，還面臨來自微軟的激烈競爭。

比爾得出結論：公司已經無法生存，更不用說成功了。他建議把公司賣掉，經過一番討論，所有人都同意了。不過，賣掉公司不是出於經濟上的考量。高層不是為了替自己或投資者至少拿回一點錢，而是希望保住先前做出的成果。比爾說：「搶救這個專案與組織，保護好我們打造出來的產品，才是最重要的。」他希望把

GO賣給有辦法資助GO所做的工作與繼續研發的大公司，即便這意味著他將失業也沒關係。在這件事情上，比爾的忠誠與其說是對公司的忠誠，不如說是他對這份事業的忠誠。[10]

輸的時候，要回到初心。身為領導人，你要領導。Nextdoor的現任執行長托利亞，先前擔任網路新創公司Epinions的執行長，接受過比爾的指導。Epinions幾度差點關門大吉，最終和日後更名為Shopping.com的DealTime公司合併。

當托利亞和董事會決定尋找併購機會時，他通知了整個管理團隊，其中一名關鍵成員，姑且稱他為鮑伯好了，鮑伯被嚇到了，兩週內就離開Epinions，去了一家更穩定的公司。托利亞說：「這讓我很受挫，他的離開帶來很大的傷害。」托利亞打電給比爾，告知鮑伯離開的事。比爾說：「我現在馬上過去。」

比爾到Epinions後，托利亞召集團隊。比爾對大家說：「我愛你們，有件事真的讓我心煩，鮑伯走了，他背叛了我們，他不夠忠誠。他在我們最需要他的時候離開了，真是太差勁了。」比爾就說了這些，然後起身離開會議室，直接走出大樓。

幾分鐘後，托利亞再度接到比爾的電話：「我敢打賭，現在沒有人會棄你而去了。」

領導者就要發揮領導作用

當事情發展不順利時，團隊更需要從領導者身上看到忠誠、投入與決斷力。

彌合人與人之間的鴻溝

施密特曾經參加一場谷歌會議，那場會議有的人是在山景城現場開會，有的人（包括施密特）則是透過視訊參與。他們當時要討論幾個問題，但原定會議時間結束時，還有一個問題沒解決。在會議快結束時，有一個人發表了意見。施密特覺得他是在表示反對。根據那句話，施密特肯定的認為在這個問題上，事情不會如他希望的那樣發展。這句話在他的腦子裡盤桓不去整整一個星期，他愈想愈生氣。等到大家再次一起開會的時候，他已經做好吵一架的準備。但就在這時，施密特突然意識到，他完全誤解了那個人的話，也錯估了整個情勢。這場危機是一場無心之過。缺乏溝通，再加上誤以為被羞辱，讓他和那個人之間出現完全不必要的嫌隙。

這種事並不罕見，每天都在發生。隨口說出的話、匆忙寫下的電子郵件或簡訊，就可能讓人因為與事實相去甚遠的事而情緒爆衝。這時正需要管理教練的介入。

如同比爾所說的，身為我們的教練，他的任務就是「發現組織中那些只要稍微提醒一下，大家就能做得更好的小缺陷。透過聆聽、觀察，我會填補人與人之間溝通的鴻溝，增進彼此的理解。」

教練可以在人與人之間的關係裂縫變得更深，演變成永久的分歧之前，就看見問題，填補資訊空缺，說開所有的誤解。比爾沒有參加施密特的那次會議，如果他在現場，施密特就可以徵詢他的看法。然後比爾會糾正施密特的錯誤認知，讓他看清其實每個人都是同心協力在做事，他根本不用懊惱那麼久。

比爾會怎麼做呢？首先他會傾聽與觀察。這是教練的能力，他能夠提供不一樣的觀點，帶你站在制高點看問題。比爾每週都會參加施密特主持的員工會議，他會仔細聆聽，也會觀察出席者的肢體語言，感受大家情緒的變化。

曾任職谷歌、前雅虎執行長梅爾講了一個與比爾的觀察力有關的故事。她曾在谷歌替社會新鮮人設立一個新計畫，所有主修電腦科學的畢業生一進公司會先擔任產品副理一職。有一天，施密特告訴她：「你把地球上最聰明的大學畢業生都找來了，但他們也把所有人都逼瘋了。這些人要不是做出令人矚目的成就，就是會把事情搞得一團糟。你要想辦法搞定這群人。」

梅爾問比爾能不能幫忙，於是比爾答應參加他們的一次會議，那是一場晚間會議。會議上這些產品副理報告了他們的專案近況，以及他們遇到的問題。梅爾認為那次會議很失敗，因為實在無聊透頂！只不過是一群人在更新近況和發牢騷。

比爾卻看到了不一樣的東西。會議結束後，他把梅爾拉到一旁，告訴她：「他們都遇到了瓶頸，但你不是那個能幫助他們的人。你是公司元老，你很清楚這裡的做事方法，所以你無法理解他們面臨的問題。你得找一個能幫他們弄清楚下一步該怎麼走的人。成立一個論壇，創造讓他們可以互相幫助的環境，這樣問題就能解決了。」結果比爾說對了。

這個例子說明了觀察在工作場合的力量。先傾聽，再尋找模式，然後評估優勢與劣勢。如同哥倫比亞大學校長布林格所言：「比爾有辦法深入了解與他共事的人，憑直覺就能認識一個人，知道他們做事的動機，也曉得如何鼓勵他們前進。」

比爾之所以能做到這一點，靠的是觀察衝突、看到問題之火上面冒出來的煙。例如施密特召開主管會議時，比爾通常不會說太多話，而是跟大家坐在會議室裡，察覺衝突爆發的時刻及其源頭。

我們的主管會議通常是開放與透明的，鼓勵每個人分享意見與看法，即便是與自己所屬部門無關的問題。但鼓勵發言的效用有一定的極限，人們會把不高興的情緒悶在心裡，而比爾能察覺到這點。

這需要敏銳的觀察力，不僅要聽懂別人說的話，還要留意別人的身體語言和旁邊的人的對話。我們訪問過的很多人都提到了比爾對人們沮喪情緒的感知能力。這是一種天賦，但也是可以後天培養的，方法是用心傾聽與觀察。

魯傑斯是比爾在哥倫比亞大學的教練同事，他說比爾把場上全部22名球員看做一個整體的能力，讓他至今記憶猶新。魯傑斯說，舉起一根手指來，然後看著它，這就是我們大多數人看球的方式，手指代表的是拿球的那個球員。但比爾能夠同時觀察到、回憶起拿球的球員周圍發生的事，並做出評估。

比爾把那種能力帶到團隊會議上，他不僅能看見發言的人，還能觀察到整個會場的情況，判斷所有人的反應與意圖，即使是那些沒說話的人（也就是球不在他們手上的人）也沒放過。

然後，他會和別人交談。正如比爾在一次谷歌管理研討會上所說的：「我比佩吉和皮查有更多時間去傾聽與觀察，所以，我會告訴皮查：你想讓我去見見某人？好的。我會跟他們說這些，你沒意見吧？沒有。好的，太好了。你知道嗎，這會對推動事情發展有一點幫助。我們要讓事情發生。」

谷歌前公關長萬特史托回憶說，有一次在策劃谷歌的公關政策時，事情沒有按照她的想法發展。她參加施密特的主管會議，會議上大家討論了一件令公關部門很困擾的重要問題。萬特史托已經推動改變好一陣子，但未能得到想要的決議，她感到很沮喪。她覺得大家正在犯下錯誤。

會後，比爾去找萬特史托，告訴她：「聽著，我們決定這次不針對那件事做任何改變。我很抱歉，我知道你一定很難受，但你還得再忍一忍，把問題處理好，好嗎？」

那不是什麼很振奮人心的談話，對吧？比爾的建議不過是「你就想辦法處理好問題」！但有時候，我們就應該這麼做：承認事情沒有按照自己的想法發展，對這個糟糕的情況表示理解，然後提醒自己振作起來，繼續努力為團隊效力。這些就是比爾一直在傳遞的訊息，簡短、及時，同時非常有效。

有關「告知壞消息」的研究大多指出，同理心是順利傳達訊息的關鍵。2000年的報告指出，腫瘤科醫師告知病人壞消息時，「要先解決情緒問題」（透過同理心），否則很難好好討論治療方案。[11]

雖然觀察與發現衝突的能力不容易培養，但走到別人面前和對方交流卻沒那麼難，它只是需要時間，以及與同事好好溝通的能力。比爾原本也可以在注意到萬特史托的挫敗感之後，把這件事拋到腦後，畢竟解決萬特史托的問題並不是他的分內工作，但他卻願意主動和她聊一聊。這次交流雖簡短，卻很重要。在一個人很忙的時候，很容易忽略了這種簡短的交流，但比爾卻把它當作優先要務。

雖然這些對話沒有故意要瞞著誰，但都有一種私下對話的性質。比爾很少談到這種一對一的談話，表面上他只是把你拉到一旁，平靜的跟你說幾句話，但一切都是用心思考過的。這就是體育教練與企業教練的另一個不同之處，體育教練會走到比賽場上帶領球隊，誰都能看見他的身影。但正如蘋果前人力資源主管畢多尤說的，比爾就好像「自己身後的影子，你能聽到他的指導，但你自己卻總是走在前面。由於身處幕後，他便可以不那麼拘束，而且更真誠。」

這些交流的背後沒有任何個人的算計。比爾通常不會就如何做決定發表意見，而只會推動大家做出決定。當察覺到需要做出決定的時刻，他會默默地開始工作，讓大家說出自己的觀點，減少溝通不良，化解誤解。因此當大家在會議上討論，要做決策的時候，每個人都已經準備好了。

然後比爾會坐下來觀察，再次展開上述循環。

化解溝通不良

透過聆聽、觀察，在關係裂縫變得更深之前，促進理解，化解人與人之間的溝通不良。

以不帶批判的同理心，建立深厚人際連結

在總結比爾打造團隊的原則，並嘗試將其應用到管理過程中時，正如霍洛維茲（Bradley Horowitz）所說的，就是「允許自己有同理心」。

霍洛維茲在矽谷擁有成功的職業生涯，曾任職於Virage與雅虎，後來共同領導Google+的研發，隨後又領導開發更為成功的谷歌相簿（Google Photos）。在這段期間，他和比爾見過好幾次面。令他印象深刻的是，比爾總是先跟他聊私事，比如「家裡的人都好嗎？」他這麼做是為什麼？他的目的是先和對方建立人際連結，然後在這個關係基礎上處理工作上的事情。

「表達情感這件事，不會寫在領導的說明書裡。」霍洛維茲說：「我們很容易全心投入正在做的產品，不會去想過程中我們是怎麼做的。然而，一旦你認識與關心團隊成員，領導團隊這件事將變得有趣許多，會帶來一種解放感。」傑希瑪（John Gerzema）與達多尼歐（Michael D'Antonio）在2013年的著作《雅典娜主義》（*The Athena Doctrine*）指出，管理手冊上之所以沒有寫到

同理心，是因為它通常被視為一種女性才有的特質，而那些著名的管理書籍大多是男性寫的！[12]

霍洛維茲曾運用從比爾那裡學到的同理心原則，當時他需要釐清該如何處置Google+。Google+當初熱熱鬧鬧推出，象徵著谷歌進軍社群網絡，可惜使用者不多，不過仍有些元素相當受歡迎，例如照片管理功能。霍洛維茲和其他團隊成員擬定計畫，準備讓谷歌相簿成為獨立產品，在取得高層同意後，他們開始展開行動。

但問題是，許多曾為Google+工作過的工程師與產品經理，包括許多資深人員都已離開這個產品團隊，很多人甚至離開谷歌了。留下來的人裡，有許多都不曾接手過這種規模的專案。霍洛維茲和他的團隊知道，谷歌相簿的產品與市場適配度很好，對於喜歡照相的手機用戶（幾乎人人都喜歡照相），它是在正確時機出現的正確產品。然而，需要完成這個任務的團隊中是否有合適的人，他們有成功所需的條件嗎？

於是霍洛維茲運用比爾的方法，發揮同理心。他優先思考的是團隊議題，而不是戰術與技術問題。他開始了解和關心團隊成員的生活，給他們加油打氣，動之以情，但也推動他們向前。隨著達成一些重要的里程碑，團隊的動能也帶起來了。他對團隊而非問題本身的關注，也得到了大家的回應。由於霍洛維茲授權給資深員工去做事，這些人開始主動承擔工作任務。

當這個專案步入軌道後，有一次，團隊裡最重要的一位工程人員來找霍洛維茲。他知道自己表現優異，要求晉升，不想再和另一位技術負責人共享權力。如果無法晉升，他就要跳槽到臉書，臉書剛開出很好的條件。

霍洛維茲一下子就做出決定。他覺得自己透過同理心培養起來的這個團隊，比單一個人更重要。霍洛維茲告訴他：「我想你得去臉書了。」

你可以有同理心

當你了解並關心你的團隊成員時，領導團隊這件事會變得更加有趣，團隊也會變得更有效率。

為了幫助團隊實現宏偉目標，比爾運用了各種技巧：找對人（挑選合適的團隊成員）；促進性別多元化（讓每個人都可以坐到主桌來）；在小誤會擴大前予以化解（彌合人與人之間的鴻溝）等。比爾思考的核心其實和任何體育教練一樣：團隊優先。所有隊員，無論是不是明星，都必須準備好把球隊的需要放在個人的需要之上。有了這樣的承諾，團隊就能成就一番偉業。

這就是為什麼當比爾碰上問題時，他首先關心的不是問題本身，而是負責解決這個問題的團隊。把團隊打造好，問題自有解法。

第5章

社群的力量

當人們彼此相識之後，一個地方就會變強大

在2003年2月，史密斯成為財捷的新任高階主管。但這次招聘引發一些爭議，史密斯的前雇主聲稱，他加入財捷違反競業條款。最後財捷花了一筆錢，找律師諮詢後，問題才解決。史密斯上任後不久，參加公司內部第一場領導高層會議，來自全球的高階主管齊聚一堂，討論公司的計畫，同時加深對彼此的了解。對史密斯來說，這是個好機會，可以認識新同事，給大家留下良好的第一印象。

會議第一天早上，史密斯熱絡的和人打招呼。突然間，有人從後面抓住他，給了他一個結實擁抱。比爾對史密斯說的第一句話是：「你就是那個害我花大錢請來的傢伙啊，你可要好好表現！」

我們並不是建議你用擁抱和粗話來問候新同事。就個人而言，我們仍然喜歡握手和更傳統的溝通方式。但顯然每個人都有自己的風格，擁抱和直言是比爾的風格。更重要的是，對我們和接受比爾問候的人來說，這種風格意味著什麼。比爾之所以能夠擁抱人、說粗話，卻不被人討厭，是因為他的所有行為都源於他的真心，都是出自他對人的愛。「不被人討厭」其實有些偏頗，應該說我們期待被他擁抱，偶爾附加幾句直白甚至直衝腦門的話，因為這說明他愛我們。

沒錯，就是愛，準確的說是夥伴之愛（companionate love）。比爾從來沒有做過越界的事。他會擁抱幾乎所有人，如果他無法靠近擁抱，有時會給人飛吻。在董事會或施密特召開的員工會議上，比爾有時也會對你擠眉弄眼，送你一個飛吻。每個人都很清楚那些擁抱與親吻的涵義：他希望你知道他愛你、關心你。

學術研究指出，友善與能力之間有種補償效應：人們往往認為友善的人比較不能幹，而冷酷的人能力更強。[1]比爾顯然不符合這種假設。正如谷歌共同創辦人布林說的：「比爾有敏銳的頭腦與溫暖的心。」但當坎普蘭第一次在GO公司碰到比爾時，真的以為比爾只是個「中年大老粗」。[2]這意味著你可以溫暖的與人建立關係，但也要有心理準備，在工作上要表現得強悍些，才能讓別人明白你是真的很能幹。

在商業世界，幾乎聽不到有人談「愛」這個字。當然，也許有時會說自己愛某個點子、產品、品牌、計畫，或是員工餐廳的甜點，但不會表達對一個人的愛。

我們接受的訓練是，要將個人感情與工作分開。我們都想雇用熱情的人，但這種熱情僅限於對工作的熱情（要不然律師和人資就要來關切了）。

因此我們每天的生活裡，都有兩種自我在切換：「有人味的我」與「工作上的我」。

但比爾不是這樣。他從來不會在工作中刻意去除他的人情味。他也把每個人都當成一個完整的人來看待，有專業的一面、私下的一面、家庭的一面、情緒的一面，是全部面向加起來的一個完整的人。

對於所有與他共事的人，他都會真心實意的給予關心。創投家葛利表示：「比爾每次來標竿公司的辦公室時，都像是來參加一場聚會。他會到處走動，跟人打招呼，擁抱每個人，跟你聊家人、朋友、旅行。」

比爾既是團隊教練，也熱愛團隊裡的每個人。他讓我們明白，人無法單獨活在世上，離開了彼此，我們都不夠完整。學術研究也證實了比爾的論點。當組織充滿比爾展現的「夥伴之愛」，主動表達對他人的關心、友愛，那麼這個組織將擁有更高的員工滿意度與團隊合作精神、更低的缺勤率和更好的團隊表現。[3]

在前文中，我們提過阿爾塔蒙特資本公司創辦人羅傑斯的故事。當他創辦新公司時，比爾打電話給他，痛批他的公司網站做得太爛。羅傑斯笑中帶淚的回憶起這段往事，然後提到了我們在採訪過程中屢次聽到的一個觀點。羅傑斯說比爾之所以對這個糟糕的公司網站那麼生氣、不留情面的痛批，「都是因為愛。人們不習慣談男人之間的愛，他之所以大聲吼你，是因為他愛你、關心你，希望你成功。」

前eBay執行長唐納荷引用「修．路易斯與新聞合唱團」(Huey Lewis and the News) 的歌名，把這稱為「愛的力量」。「比爾用一種特別的方式表達他的愛，他因為愛你，他才會告訴你，你的東西很爛，你能做得更好。他的重點永遠不是他自己，當他告訴你真相時，他的話並不會使你感到受傷。」

所以，我們又從比爾身上學到一課：可以用夥伴之愛去愛同事。同事不只是同事，團隊裡的每個成員都是一個完整的人，當職場與人性之間的隔閡被打破，大家用愛去擁抱另一個完整的人，團隊就會變得更強大。

比爾正是用愛擁抱完整的彼此。

比爾的十大口頭禪

比爾經常會用一種獨特的方式說他愛你。根據他在哥倫比亞的朋友與隊友葛瑞戈（Ted Gregory）的回憶，他最喜歡講以下十句話。這十句話也被印在比爾的追思會上發給來賓的日程單背面。

10.「你應該把那件上衣拿去洗乾淨燒掉。」
9.「你跟球門柱一樣呆。」
8.「他是百年難得一見的大蠢材。」
7.「你是個呆瓜。」
6.「你不能呆呆抱著球衝下懸崖。」
5.「你笨手笨腳的。」
4.「這麼簡單你也能出錯。」
3.「你爛到讓我臉上有光。」
2.「別給我搞砸了。」
1.「你講那什麼屁話。」

美好人生建立在良好關係

「想要關心別人，你先得懂得關心人。」在和別人聊起比爾時，我們多次聽到這句話。這似乎是一句老生常談？其實並不是，至少我們在網路上找不到這句話，所以我們要在這裡聲明一下它的版權。

我們一再聽到，員工是公司最重要的資產、公司應該把員工放在第一位、公司要關心員工等等，這些並非空話，許多公司與主管的確關心員工，只是他們關心的未必是員工完整的自我。

比爾關心人，也尊重每個人，他記下每個人的名字，給人熱情的問候，溫暖的與人建立關係。他關心你的家人，而且拿出實際的行動，不只是口頭問候。

羅傑斯提到他的女兒很喜歡比爾，比爾看到她時，總是給她一個大大的擁抱。波拉特也提到接下谷歌財務長職務時，必須往返紐約通勤，比爾最關心的是她的丈夫能否接受這樣的安排。先生開心嗎？有沒有他能幫忙的？波拉特表示：「比爾關心的是你這個人，我們在這方面的事情聊滿多的。」

皮查回憶，和比爾每週一開會時，比爾總會先問候他的家人和他週末做了什麼，接著也會聊自己的家人和最近發生的事。皮查說：「我總是忙於參加各種會議，有很多工作要做。但和比爾在一起時，總能讓我打開另一個視角，他會適時協助我看清什麼才是最重要的事。他告訴我，我所做的一切事情都很重要，但說到底，真正重要的是如何過好自己的生活、如何善待自己生命中出現的每個人。和比爾交談，一直是一次又一次美好的提醒與重啟。」

和比爾小聊一下家人，影響其實不小。受他指導的人因為與他小聊一會兒，得以在忙碌的一天中有喘息機會，至少有機會緩解一下工作與家庭之間的矛盾心情。

比爾並不只是關心高階主管。德雷克斯勒在擔任蘋果董事的期間，每次到庫柏蒂諾總部開會，都會造訪附近的史丹佛購物中心 J. Crew 分店（德雷克斯勒當時也是這家公司的執行長）。銷售人員經常會告訴德雷克斯勒，他的朋友比爾在那裡購物的情況。每次比爾來店裡，大家都很開心，他記得店員的名字，永遠熱情的跟大家打招呼，讓人感受到被尊重。德雷克斯勒說：「比爾對待店員的方式，和他對待蘋果董事一樣。我從中學到很多。」

這些聽起來都不是什麼神奇的事，對吧？我們和同事在一起時，也經常會問候對方的家人。但比爾的與眾不同之處在於，他不知怎麼的就找到了認識你家人的辦法。很多時候，只不過是例行公事般的問完「孩子們最近怎麼樣了」之後，再接著問幾個問題。以羅森柏格來說，比爾不僅會問他的家人好不好，還會問他女兒漢娜最近足球踢得如何？然後問漢娜打算念哪所大學，接著他會自然而然的就哪所大學最適合她給出一些詳細的建議。當他在各種場合見到羅森柏格的家人時，都會熱情的擁抱他們。

比爾在職涯早期就培養出這種習慣。馬澤（Marc Mazur）是布萊伍德資本（Brightwood Capital）的顧問，很早就認識比爾。在1970年代晚期，比爾招募他加入哥倫比亞大學美式足球隊擔任踢球員。在招募球員期間，比爾去馬澤家拜訪，才剛進門就猜出這是一個單親家庭。比爾告訴馬澤的媽媽：「我會永遠照顧你的兒子。」

隔年，剛上大學一年級的馬澤，就傷到主力腳的膝蓋，無法替哥倫比亞雄獅隊射門。不僅那一季沒辦法，之後的賽季也報銷了。比爾打電話給馬澤的母親，告訴她自己仍會遵守諾言繼續照顧馬澤。萬一馬澤不能參加比賽了，也不會喪失獎學金。馬澤當時只是大一新生，很少有教練會關心新生，更別說是總教練了。但是比爾做到了。

他對馬澤和他的家人展現了忠誠。一直到比爾去世，馬澤和他的關係都很親近。

比爾認為，一定要讓團隊成員的家人了解組織在乎旗下的球員，也要讓球員知道組織在乎他們的家人。Nextdoor執行長托利亞開始和比爾合作時才二十六歲。兩人剛認識時，比爾就跟托利亞要他父親的電話。兩人通話過後，托利亞問父親和比爾談得如何。父親回答：「很順利，但比爾要我不能透露細節。」比爾不只會問候托利亞的家人，還會和他們直接溝通。

比爾離開美式足球界後，雖然不會和別人的爸媽談話，但有許多時候是比爾靠著關心某個人的家人，表達對當事人的關心，而且不只是問候他們好不好，是真的採取行動付出關心。對於有些人來說，比爾有如他們的父親，包括二十六歲喪父的施密特。

柯德斯塔尼和施密特一樣，年輕時就失去父親，把比爾看成「充滿愛心與智慧的」父執輩。柯德斯塔尼接下推特執行董事長一職時，由於比爾有擔任財捷董事長的經驗，柯德斯塔尼和比爾談起這個任命案，但大部分的時間都在聊家人，在把重要的事談完後，他們才開始聊推特。

當有人遭逢意外事件，比爾也會去協助當事人的家人。荷馬是比爾在蘋果和GO的好友與同事，在他不幸罹患庫賈氏症後，比爾經常到荷馬家探望，盡可能提供各種援助，並把這件事當作優先要務。比爾甚至知道荷馬看護的名字，還經常和他們聊天。荷馬的遺孀克麗絲汀娜說：「比爾想讓看護知道，荷馬深受親朋好友的喜愛，他希望這能激勵看護全力照顧荷馬。」

同樣的，賈伯斯罹癌後，不論他是在家裡、辦公室或醫院，比爾幾乎天天去探望。主掌蘋果行銷業務的席勒（Phil Schiller）和賈伯斯、比爾因長期共事，成了好朋友。他回憶：「比爾用行動告訴我，當朋友受傷、生病，或是因任何事需要他，他會拋下手邊一切去幫忙。」

關心與慈悲可以對一個組織產生深遠的影響。比爾擔任財捷執行長時，團隊主管貝克（Mari Baker）在出差時因病住院。比爾接獲消息後，包下了一架飛機，讓貝克的先生飛到東岸陪她，並把她帶回家。乍看之下，這僅僅是慷慨的舉動，但事實上這故事說明了公司領導者是如何照顧員工，人們也會願意為公司效忠。[4]

墨西哥黃金國高爾夫球場與海灘俱樂部（El Dorado Golf and Beach Club）經營者胡曼（Mark Human）也提過一個類似故事。由於比爾在黃金國有棟度假別墅，每年都會過去度假，兩人因此認識。胡曼剛認識比爾時是個年輕的管理者，才二十多歲。他回憶比爾永遠會特地和他打招呼，擁抱他，在他耳邊說一些加油打氣的話。對比爾的話，胡曼仍記憶猶新，例如：「你得花時間聞聞玫瑰，你的人員也是玫瑰。你得意識到，除了工作，人們也想和你聊聊別的事。」

胡曼有名員工在協助俱樂部的一個家庭時受重傷，胡曼成立互助協會讓那名年輕人獲得醫療協助，那個年輕人完成學業後，再度回來工作，成為俱樂部重要成員。此外，胡曼和員工也花時間每年舉行盛大的年終員工派對，大家盛裝出席，不論什麼層級或背景的員工都可以上場跳舞。相較於其他度假勝地，胡曼的人員流動率很低。胡曼認為這歸功於比爾的啟發。

慈悲寬容不僅能與人為善，而且有益於企業經營。2004年的研究報告指出，當團隊成員一起注意、感受到其他成員所經歷的痛苦，並適時做出回應時，對個人的慈悲（如同比爾和胡曼對員工的關心）就會轉變成組織的關懷（organizational compassion）。當組織「允許」人員展現同理心時，例如像比爾或胡曼這樣的團隊領導人帶頭幫助團隊的某個成員時，這種情況就會發生。慈悲寬容要從高層做起。[5]

我們在自己的生活中，並未試著完全模仿比爾愛人的方法。我們沒有熱烈擁抱每個人，也沒那麼深入別人的家庭生活，不會打電話給員工的爸爸！如果你不像比爾那樣，天生是那麼五湖四海的性格，裝也沒用。再講一次：不要偽裝！

我們大多數人也喜愛我們的工作夥伴，也真心關心彼此。但在我們走進辦公室前，我們通常會在門口先調整好自己，警惕自己盡可能壓抑個人感受，把感情藏在心裡。但比爾要我們做相反的事，把那些留在門口的情感帶進辦公室。

在工作場合可以表達真實的感情，問候身邊的人和他們的家人，記住別人的名字，對人保持好奇，看看他們的照片，希望了解更多。最重要的，採取行動，付出關心。

善待身邊的人，是人生最有價值的投資

想要關心別人，你得先懂得關心人。問問他們在工作以外的生活，了解他們的家人。在別人有難時，伸出援手去幫忙。

五個響亮掌聲，就達意想不到的效果

想像一下，現在是2000年代，你正在向蘋果董事會簡報新產品。你走進會議室，有些緊張，畢竟現場有賈伯斯和前美國副總統高爾，兩人中間還坐著比爾。你開始介紹產品，或許是新的iPad或iPhone，也可能是最新的麥金塔作業系統。介紹完這款新產品的上市時間，你屏住呼吸，開始示範產品的使用。

此時，有人開始鼓掌。蘋果全球行銷資深副總裁席勒回憶說：「比爾會拍手叫好，手舞足蹈，非常興奮！他對這些產品的反應都是出於真實情感，而不是像其他董事會成員那樣，只有聽到營收數字才會有反應。他還會激動的從座位上站起來。」

比爾的掌聲，主要目的不是讚美產品，而是表揚團隊。「那種時候，永遠感覺像是你的伯父或父親說你做得很好。」席勒表示，那是他從比爾身上學到的最重要的事：「別傻坐在座位上，站起來，給予團隊支持，讓他們知道你愛死他們做出的成果。」

迪士尼執行長、蘋果董事艾格（Bob Iger）表示：

「比爾帶到董事會的一切都來自他的真心。」不過，除了展現對團隊的愛，那份熱情背後還有另一個目的。「一旦他開始鼓掌，大家就很難不同意這個提案。那個掌聲感覺不只來自比爾，而是來自董事會。這是他鼓舞士氣的方式，但同時也推動事情向前發展。」

當艾格說這番話時，我們都深有同感，這就是比爾的風格。比爾靠一個手勢，一段熱烈掌聲，表達了對大家工作的熱愛，這鼓舞了所有人，而且會推動事情的發展。比爾的拍手叫好，不僅表達他的認可，還能讓在場所有人產生動力。實在是高招！

負責谷歌虛擬實境與擴增實境產品的主管貝佛（Clay Bavor）也有類似的經驗。2015年4月，貝佛在谷歌的高層產品檢討會上做簡報，展示新的VR頭戴式顯示器與相機。他示範完新機後，分發低階的虛擬實境觀影盒Cardboard給現場的人，帶大家觀看谷歌替這個裝置設計的新應用程式。

那個新應用程式名稱是「探險」（Expeditions），它能透過虛擬實境，讓老師可以帶學生參觀世界各地的景點。在那次現場示範，貝佛是「老師」，公司高層是他的「學生」。貝佛因此感到有點不自在，但突然間，後面傳來比爾的熱烈掌聲。貝佛說：「那是震耳欲聾的掌聲，就好像是用手勢發出的驚嘆號。」

掌聲沒有持續太久，只響了五下。「但掌聲真的讓我放鬆下來，就好像比爾在說，我們做的東西很酷。那五個響亮的掌聲，替現場氣氛破冰，讓房間裡的其他人也變得興奮起來。」

今日，貝佛已經把「比爾·坎貝爾的掌聲」（Bill Campbell clap，簡稱BCC）納入自己的團隊。當有人在會議上宣布好消息時，底下就會冒出五聲響亮的掌聲。如果有人突然在辦公室鼓掌，大家會問：「為什麼有BCC？」貝佛還把BCC納入新團隊成員的訓練，甚至在迎新時練習。

貝佛的團隊現在已有數百人，每個人都學會和比爾一樣，適時給予團隊成員如雷的掌聲，表達他們對彼此的鼓勵與支持。

給人掌聲，不要冷漠

為別人和他們的成功歡呼，既能鼓舞士氣，也有助於推動事情向前發展。

致力於打造社群

比爾非常關心社群，甚至投資了一個供大家聚會的地方。

老將是一家運動酒吧，1964年時於帕羅奧圖國王大道與佩奇米爾路交叉口開始營業。造型是時髦的半圓拱形鋼結構小屋，源頭不詳。比爾在1990年代開始和財捷的團隊造訪那裡，2000年代中期酒吧被迫遷離，比爾協助老闆辛傑夫婦（Steve and Lisa Sinchek）在帕羅奧圖市區更車水馬龍的地點重新開張。

幾乎每個星期五下午，比爾都會到老將，舉辦由他主持的TGIF週末慶祝派對。不同的人會聚集在那裡，永遠不缺美食與啤酒。當有新面孔出現，比爾會以豪邁的老大風格，介紹給大家。他會挑你最優秀的特點或最厲害的成就來介紹，並在人前一直誇你。這裡唯一的規矩，是你不能把那當成一場應酬，沒有人是去老將酒吧「結交人脈」，也不是去那裡談生意的。

比爾喜歡老將的休閒氣氛，在那裡可以不拘禮節，每個人都可以做自己。老將展示了比爾創建的眾多實體社群的風貌，至今仍是帕羅奧圖最受歡迎的地方之一。

比爾打造社群的故事似乎永遠和酒吧有關。席勒提到比爾獲頒波士頓學院榮譽學位的故事。比爾在拿到哥倫比亞大學總教頭的工作前，曾在波士頓學院擔任美式足球助理教練。席勒是波士頓學院的校友，也參加了那場學位頒贈儀式。儀式結束後，比爾向席勒提議去瑪麗安（Mary Ann's），那是校園附近一家著名的小酒吧。比爾告訴酒保，當晚所有客人喝的百威淡啤（比爾最愛的啤酒）都算他的，不只是朋友的酒錢他來付，他要請全酒吧的人。那天是畢業典禮，也因此酒吧裡擠滿來參加典禮的父母與畢業生，幾乎人人都得到老美式足球教練的一杯冰啤酒和一個熊抱。

建立社群和前一章討論的打造團隊法，有許多相似處。對比爾來說，從宏觀層面來看，兩者是同一回事。一旦你有了屬於自己的團隊或社群，團隊中人與人之間的關係就變成最重要的東西，而這種關係的連結可以透過相互關心和共同的利益建立起來。

比爾會以各種形式帶大家出遊，目的都不是為了去玩，而在於打造一個又一個社群。這一切都是為了在人與人之間建立持久的關係，產生社會學家所說的「社會資本」。[6]正如他在哥倫比亞大學時期就認識的老友賽里亞諾說的：「比爾從他打造的社群裡、從大家對社群的參與中獲得能量，也從他指導的人身上獲得了能量。從某種意義上來看，比爾就像一台永動機。」

比爾有能力打造豪華版的社群，儘管多數人沒能力每年贊助超級盃之旅或買下一間酒吧，但創造社會資本的方法有很多。

我們訪談的人士中，有很多人都提到比爾熱愛助人建立連結，他是這方面的高手。你要是和比爾提到某件事，他會說，你應該和誰聊一聊，然後他會幫你聯絡。

幾分鐘後，你就會收到電子郵件。比爾不是一時興起才做這種事，也不會強迫介紹；他會快速判斷對當事人雙方都有利，才幫忙牽線。這是相當好的社群定義。

他在老將酒吧的聚會是另一個例子，只要花一些啤酒錢，就能讓人們每週聚會。打造社群，不一定要花很多錢。

在社交情境下，這個原則可能會比放在企業情境更易懂。比爾從來沒有和我們討論過社群，他總是在談團隊，但我們從觀察他的社群活動中學到這一點：要投資時間與心力去打造人與人之間真正的情感連結，這樣的關係才會長久，才能讓團隊真正強大起來。

打造社群，與人建立深厚連結

在工作中與生活中都可建立社群，當社群中的成員彼此有深厚連結時，這個社群將變得非常強大。

比爾的超級盃觀賽團

1985年1月，第十九屆超級盃在帕羅奧圖的史丹佛體育場舉行，距離比爾的家只有幾步之遙。史丹佛體育場呈碗狀，建於1921年，看台上都是木製長椅，以能夠讓觀眾保留長椅碎片做為當天坐在場上看比賽的紀念品而聞名。

因此當超級盃比賽就要開始時，比爾和蘋果的行銷團隊發現了一個機會：他們給整個體育場八萬多個座位，全部鋪上軟墊，坐墊一面印了蘋果的商標，另一面是超級盃的商標。

由於比賽相當於在比爾家的後院舉辦，而且給數萬名球迷準備坐墊這件事也是他的主意，他決定親自到現場查看。他把幾位好友找到家裡，然後一起走到體育場，途中順便接賈伯斯過去。那天涼爽多霧，比賽很精采，舊金山四九人隊擊敗邁阿密海豚隊，所有人都很開心。

比爾的超級盃觀賽團就此開團，每年在比賽期間舉辦。比爾幫忙買球票，安排交通，哥倫比亞大學的朋友巴特（Al Butts）安排旅館。最初的成員包括比爾、巴特、他們在哥倫比亞大學的朋友賽里亞諾（John Cirigliano）與葛瑞戈（Ted Gregory），後來人數日漸成長，有時杜賓斯基也會去，以及比爾的哥哥吉姆、吉姆的女兒睿芮與先生、巴特的兒子德瑞克、金瑟和妻子諾瑪，兩人的四個孩子也會輪流出現；布魯姆（Spike Bloom，柯達與蘋果時期的朋友）父子；哥倫比亞大學時期的朋友夏特滋（Gene Schatz）；比爾的孩子吉姆與瑪姬，以及他們兩人的朋友們。

一群人會在星期四或星期五抵達超級盃舉辦的城市，找到一間好酒吧，當成臨時總部，消磨時間，直到開賽。

有一年，比爾多買了幾張票，隨手送給現場想跟黃牛買便宜座位的孩子。幾個年輕人不敢相信好運從天而降，黃牛氣急敗壞，問比爾為何白白送人那麼貴的東西，比爾回答：「因為這下子那些孩子可以開心看球。」另一年，有兩個人最後一秒鐘臨時取消，比爾於是邀請前一天晚上吃飯認識的餐廳服務生去看球，她們高興接受！

巴特表示：「超級盃對比爾來講很重要。」重要的不是球賽，而是觀賽團。「彼此之間的互動，對比爾來說具備重大意義。」比爾臨終時希望這個看球的傳統能持續下去，於是出錢贊助。我們聽過贊助獎學金，但贊助超級盃之旅？那就是比爾。他一心想讓這個相聚的傳統持續，留下至少還夠用十年的錢。

超級盃不是比爾唯一舉辦的旅行團。每年的棒球團行程，一定包括回荷姆斯特看一場匹茲堡海盜的比賽，外加上美東時區的其他幾場比賽。此外，比爾還舉辦造訪卡沃聖盧卡斯的「抽搐騷莎舞」高爾夫球之旅、大學美式足球名人堂的入堂典禮之旅，以及每年前往蒙大拿州比尤特（Butte）的釣魚之旅（機緣是比爾曾在比尤特主持一項年度慈善活動）。

比爾離開我們時，替所有的旅行都留下基金。他離世之後，朋友依舊能繼續這些旅行。

比爾在家鄉荷姆斯特贊助高中同學會，好讓老朋友能定期聚一聚。比爾甚至開始在聖心中學當教練前，就已經在舉辦賽後活動，所有的家庭聚在一起喝啤酒或汽水，吃漢堡、聊賽事，說說故事。比爾永遠堅持請客，因為他還記得在波士頓學院當助理教練時，他注意到有的教練偶爾會不參加社交聚會，原因或許是負擔不起。比爾不希望有人是因為手頭不方便而婉拒活動，永遠搶著付帳。

以上這些旅行有什麼共通之處？社群。比爾會本能的打造社群。他知道，當人們彼此相識之後，一個地方就會變強大。

永遠保持「我想幫上忙」的心態

YouTube執行長沃西基（Susan Wojcicki）是谷歌的早期員工，多年來經常與比爾交流。幾年前，沃西基想參加一場重要的科技媒體大會，雖然YouTube是全球最大的消費者影片網站，也是媒體與娛樂世界的重要成員，但沃西基拿不到那次大會的邀請函。她透過很多人脈管道去詢問，都徒勞無功。

在和比爾一對一面談時，她提到這件事。比爾的反應很直接：「妳當然應該去啊！」隔天，沃西基就收到大會的電子邀請函。

比爾打了幾通電話後，幫沃西基爭取到邀請函。這是舉手之勞，但企業裡有時卻出乎意料的不容易辦到。多年來，我們有幾次想請同事幫忙，都不是什麼大事，但確實需要他們繞過既有流程或避開一些規則，沒有人會因此受傷害，事實上，如果單憑法律條例來評判，我們請他們幫忙的事絕對是正確的。儘管如此，我們還是被拒絕了。常見的回應是：「很抱歉，我不能那麼做。你懂的，公司有規定……。」

比爾認為，應該盡量幫助別人。他很慷慨，喜歡幫助人，所以當他可以打電話給朋友，幫YouTube執行長一個忙去參加一個她絕對有資格參與的活動時，他毫不猶豫伸出援手。

比爾不只幫助高階主管。羅森柏格底下有個年輕行政人員莎德，當比爾在辦公室外等羅森柏格時，他們就會聊聊天。有一天，比爾問莎德在做什麼，她說自己正在考慮要不要準備法學院入學考試，她想念法學院。沙德擔心羅森柏格會對她的離職時間有意見，所以她在煩惱該什麼時候申請學校，又該在什麼時候、用什麼方式告訴老闆。

和莎德聊完後，比爾對羅森柏格提到此事。羅森柏格說他不知道自己的行政人員想去念法學院。比爾對他說：「你應該多了解自己的員工！去告訴莎德，不管她什麼時候去念書，你都同意。還有，既然你是她的上司，就抽出時間幫她寫封推薦信。這是你應該做的。」

莎德隔年錄取哥倫比亞法學院，幾年後畢業，目前在波士頓執業。

比爾喜歡助人，而且非常慷慨。有比爾在，別想搶著替晚餐或飲料付帳。有一次，他和一群朋友到卡沃度假，他帶著所有的孩子去吃晚餐，然後每個人都拿到一件酒吧T恤。每年舉辦聖誕派對時，比爾會買好幾箱最上等的紅酒，隨便你喝，但不是因為他自己愛喝，而是他喜歡看見朋友享受美酒。

你可能會覺得有錢人送每個人T恤和請喝酒，對他們來說只是九牛一毛。然而，比爾早在經濟不寬裕時就是這樣一個人。他擁有的慷慨精神，每個人都可以有，只要你願意。例如他是個大忙人，但他會慷慨的把自己的時間分配給別人。有時，得等幾個月才能擠進他的行事曆，但如果你真的需要幫忙，他會立刻打電話給你。

大多數時候，比爾幫的這些小忙，都屬於格蘭特在《給予》一書中所寫的「五分鐘人情」〔five-minute favors，這個概念最早是企業家里夫金（Adam Rifkin）提出的〕。對於提供幫助的人來說，這種小恩惠很容易給予，基本上成本也不高，但對受惠的人來說卻意義重大。[7]

格蘭特在2017年與瑞伯爾（Reb Rebele）合寫的文章中指出：「一個有效的給予者，不會每次都為了每個人拋下手邊一切。他們會確認助人的效益，超過自己付出的成本。」能妥善處理好這類事情的人都屬於「懂得保護自我的給予者」(self-protective givers)，他們「很慷慨，但也知道自身的底線，他們不會什麼忙都幫，而是會選擇高影響力、低成本的幫助方式，如此才不會把自己掏空，也才能保持自己的慷慨，並享受助人的快樂。」[8]

慷慨助人和本章涉及的愛與社群的概念有直接關聯。當好朋友請你幫忙，你一定會幫，因為你愛你的朋友，（通常情況下）也信任他們的判斷力，願意為他們付出，所以當他們請你做一些對他們有幫助且正確的事時，你會毫不猶豫去做。但換成你的同事，事情就沒這麼容易了，你會搬出我們聽過的那些說法，比如：「這得照流程來」、「有人會覺得我給你特別待遇」等等，所以你不會幫這個忙。

比爾教導我們，幫助同事，就像幫助你的朋友。運用你的判斷力，一旦確認要做的事沒有錯，同時每個人都會因此受益，那就幫個忙吧。

盡力助人

你永遠可以給予他人「五分鐘人情」。慷慨助人，給予你的時間、人脈與其他資源。

輔佐賈伯斯，拯救貝佐斯

雖然微軟收購財捷失敗，卻讓比爾結識了當時的Microsoft Money產品經理，Microsoft Money是當時財捷的競爭對手。雖然交易沒談成，她和比爾保持聯絡，後來離開微軟，加入西雅圖一家名為亞馬遜的新創公司，不久後，她打電話給比爾，請他引薦自己給杜爾。比爾介紹兩人認識，凱鵬華盈最後投資了亞馬遜。

幾年後的2000年，亞馬遜創辦人暨執行長貝佐斯為了陪伴家人休長假。貝佐斯找來一位營運長嘉理（Joe Galli）幫忙，但當貝佐斯休完假要回公司時，亞馬遜正在困境中苦苦掙扎。包括杜爾與庫可在內的董事會成員正在考慮是否應該讓貝佐斯辭去執行長一職，提拔嘉理升任。

貝佐斯依舊是董事長，也許再擔負其他職位。當年在財捷，比爾取代庫可擔任執行長，而且相當成功。不過，杜爾和其他董事不確定是否真的該這麼做，他們請比爾到西雅圖來觀察一段時間，然後提供他的看法。

比爾開始往返於美國西北太平洋地區，每週到亞馬遜辦公室待幾天，旁聽管理高層會議，觀察公司的營運狀況與文化。觀察過後，比爾告訴董事會，貝佐斯須留任執行長的職務。史東（Brad Stone）在《貝佐斯傳》（*The Everything Store*）一書中提到，「坎貝爾的結論是，嘉理過度看重薪酬與私人飛機等福利，而且他看到員工們對貝佐斯忠心耿耿。」[9]

比爾的建議讓一些董事感到意外，但董事會還是從善如流，讓貝佐斯繼續擔任執行長。顯然，這個決定日後帶來巨大的成功。直到今天，貝佐斯都是這家全球電商巨頭的董事長兼執行長。沒有比爾，亞馬遜的歷史有可能也會改寫。

除了前面提到的比爾對他人的友愛，以及領導者在企業環境的規範下關心員工有多重要，比爾也重視另一種類型的愛，就是對公司創辦人的熱愛。那些有勇氣、有技能創辦公司的人，在比爾心中占有非常特殊的地位。他們足夠清醒，知道每一天都面對巨大的困難，每一天都在為生存而戰；他們也足夠瘋狂，認為自己無論如何都能成功。對於任何公司來說，留住他們，讓他們發揮自己的價值至關重要。

很多時候，我們認為經營公司的核心就是營運，而我們也已經知道，比爾認為卓越營運非常重要。但當我們把領導公司的能力限縮到只剩營運能力時，將扼殺了領導力中另一項非常重要的元素：願景。很多時候，引進營運人才可能可以把公司管理得很好，但公司會失去核心與靈魂，也就是能推動公司向前發展的願景。比爾之所以熱愛公司創辦人，不只是因為他們一開始就有勇氣嘗試創業，還因為他們替公司願景的設想與熱愛。他也理解這些創辦人並不完美，但他們的價值往往大過他們的缺點。

比爾曾數次經歷這樣的情形，最知名的例子大概就是蘋果了。當新來的「生意人」史考利擔任蘋果執行長時，比爾親眼目睹史考利最終趕走了公司的共同創辦人賈伯斯。多年之後，當賈伯斯重返蘋果時，他請比爾加入董事會，幫他完成看似不可能的任務，拯救再過幾個月就要破產的蘋果公司。

賈伯斯需要推動的改變太多了，迫使公司重新把重點放在打造一流產品上。他必須迅速行動，所以需要他信任的人來幫助他。比爾正是賈伯斯最信任的那個人。

在完成這個任務的過程中，他們不僅成為朋友，更成為親密的知己。他們幾乎每個週末都一起散步長談，討論蘋果公司的問題，以及其他一些事情。比爾理解公司創辦人，也理解賈伯斯為何如此出類拔萃。他全心支持賈伯斯，小心的保護他，不讓那些追著他索取各種利益的人傷害他。

蘋果資深副總裁席勒回憶：「他們就像在大學同學會上重逢的朋友，試圖一起再做點什麼。賈伯斯需要比爾的幫助和力量來支持他的計畫。有時候，他需要的只是有人摟一摟他的肩膀。」

比爾自己也當過新創公司GO的執行長，但他進公司後，創辦人坎普蘭依舊扮演相當重要的角色。比爾後來又以經理人的身分加入財捷，取代原本的執行長庫可，但庫可也同樣留在公司，直到今日依舊是公司的重要人物。後來，比爾在谷歌輔導布林、佩吉和施密特，幫助公司創辦人和執行長完成了或許是史上最偉大也最具挑戰的教練任務。

每一次比爾秉持的原則都一樣：愛公司的創辦人，無論他們擔負什麼職務，都確保他們切切實實參與公司的營運。

科斯托洛接任推特執行長時，比爾建議他和公司創辦人石東（Biz Stone）、多西（Jack Dorsey）、威廉斯（Evan Williams）好好合作。比爾說：「今天你是執行長，他們是創辦人，但有一天，你會變成前執行長，他們依舊還是創辦人。在這份工作上，你和他們不是對立的關係，你要與他們齊心協力。你是來幫助他們的。」

許多創業圈以外的公司領導者從來不需要解決和創辦人之間的問題，因為在他們加入公司時，創辦人可能早已離去。儘管如此，他們當初創辦公司的願景仍扮演重要角色，是公司的核心和靈魂。願景通常在創辦人身上體現，但其他人身上也可能體現出公司的宗旨與精神。這些東西不會在資產負債表、損益表或組織架構圖上顯現出來，卻非常有價值。

愛戴創辦人

要格外尊敬公司裡那些最有遠見和熱情的人，而且要保護好他們。

電梯裡的交流

本書提到的許多事，看似都與個性十分相關。比爾可能是我們這輩子見過最重視人際關係的人。那麼那些天生不是那麼愛熱鬧，也不太愛和人打交道的人，該怎麼做才能像比爾一樣成為傑出的管理者與教練呢？可以透過不斷的刻意練習。

齊仁曾在Claris和比爾共事，日後成為Adobe執行長。在1994年加入Adobe時，齊仁想起比爾在Claris的做法，試圖模仿他，但齊仁發現，自己不是天生就會做比爾做的那些事情。齊仁回憶說：「我曾試著記住大家的名字，在電梯裡碰到人的時候，我會試著開口和旁邊的同事聊聊，問候他們，問問他們最近如何？在忙什麼？我也會到員工餐廳找新進人員一起吃午餐，還會參與對我來說不是那麼自在的溝通，但多加練習之後，成效真的滿好的。」

齊仁認為，自己在Adobe能成功，部分要歸功他在社交方面投入的時間心力。他升任執行長前，公司創辦人請他接掌公司產品部門，那個任命對只有銷售與行銷背景的人來說很不尋常。創辦人的理由，是齊仁願意讓工程主管和開發人員加入對話，工程部門的主管都十分敬重他。

你可能覺得自己並不具有這本書提到的能力，但它們都是可以學習與培養的，關鍵是促使自己去做。當你在電梯裡、走廊上碰到人，或是在員工餐廳看到自己團隊的同事時，你可以停下來，花點時間和他們聊一聊。

最近好嗎？在忙什麼？齊仁說的那些開場白適用於任何時候。多練習，就會習慣成自然。齊仁說：「試著培養這種人際關係對我來說並不容易，但我努力做到了。幸運的是，愈做就會愈覺得簡單。」

社交能力是練出來的

比起關心朋友，表達對同事的關心或許不容易，但多練習，就會習慣成自然。這個習慣將讓你終生獲益。

在寫這本書的過程中，讓我們最驚訝的就是人們談起比爾時會頻繁提到「愛」這個字。在和科技主管、創投人士等業界人士談話時，通常不會提到這個字，但比爾把愛帶進工作場合變成一件可以接受的事。他創造出一種文化，而研究相關主題的學者把這種文化稱為夥伴

之愛，包含喜愛、慈悲寬容、關心、溫暖待人的情感。比爾做到這一點，靠的是熱情的給人加油鼓勵、建立社群、盡力助人，以及在心中為公司創辦人保留一個特殊的位置。

愛能讓優秀團隊變偉大。比爾天生懂得愛人，他比大部分的人都還要熱情洋溢！不過，愛也有可能是比爾從美式足球中學到的。

楊（Steve Young）是舊金山四九人隊進入名人堂的四分衛。2017年9月，他在比爾的紀念大會上談到「團隊之愛」。他表示：「優秀的教練能夠看得更遠。每一年，四九人隊的教練沃爾希會召集球隊，告訴大家：『嘿，夥伴們，我們要讓這支球隊成為一體。』人會形成很多小圈圈，因為所有人來自不同學校，有不同的社經背景，地區、語言、宗教各異，同類待在一起會有安全感，但沃爾希教練說：『我要打破所有的小圈子』。所以當我們在朗博體育場，比數還落後4分，時間只剩一分半鐘，比賽進入第三次進攻，還需要向前推進10碼時，他希望我們能融為一體。天上降著雨和雪的混合，你渾身溼答答的，冷風呼嘯，八千名觀眾對著你尖叫，人的本性讓你想離開這裡，你只想搭上巴士離開，結束這一切。難關就在你面前，那是決定性的瞬間。每個人看著彼此，無聲說著：我們在一起，我們有理想，我們的內心有追求，我們愛彼此，我們尊敬彼此……為什麼四九人隊在1981到1998年間會如此優秀？因為我們有對彼此的愛。」

結語

你要活出什麼樣的人生？

在2017年12月，就在我們完成這本書初稿時，施密特決定辭去Alphabet執行董事長職務。這個時機選擇是對的，公司已經成功完成了從谷歌到Alphabet的艱難過渡期。Alphabe是一家控股公司，負責監管谷歌，以及新興的其他業務，比如生命科學領域的Verily與交通運輸領域的Waymo。

包括執行長皮查在內的新一代領導者已掌舵谷歌，公司正蓬勃發展，成功走進「行動優先」的世界，許多方面甚至是「行動唯一」，並且在機器學習科技令人興奮的突破推進下，推出了一系列的產品與服務。

施密特在谷歌工作了近十七年，2001年3月成為董事長，2001年8月成為全職執行長，2011年4月升任執行董事長。現在，他在公司的全職工作即將告一段落。不論以什麼樣的標準衡量，他都是一個成就卓越的成功人士。然而，他發現，就像任何面對挑戰或變化的人一樣，他需要情感上的支持。

當施密特成為谷歌執行長、當他轉任執行董事長時，比爾都幫助他平穩過渡。比爾和相關人士溝通，並妥善解決了在此過程中和人、情緒有關的問題。當董事會在公司IPO前夕要求施密特辭去董事長時，比爾說服他接受這個決定。因此，當施密特的職務真的變動時，不僅他們之前達成的共識得以執行，而且大家心裡都沒有芥蒂。

然而，這一次比爾不在了。整個過程給人的感覺也不再一樣。對於下一步該怎麼走，大家雖然已經有了一致意見，但再也沒有人來引導施密特走完這個過程。儘管公司為所有人都爭取到最好的結果，但這次的過程更像是公事公辦，沒有比爾在世時會給人的那種被愛、被肯定的感覺。

管理指導和教練是非常個人化的事情。施密特知道比爾會對他說什麼，他也知道該怎麼做，但他非常想親耳聽到比爾的教誨。

對於旁人來說，這些想法聽起來有點太多愁善感，畢竟這次變動牽涉的都是最有權勢、最成功的高階主管，他們有著聽起來很厲害的頭銜，什麼執行長、執行董事長，絕大多數人一輩子都和這些頭銜無緣。施密特或任何身處高位的人，到底有什麼好煩惱的？像施密特這樣的人士，怎麼會需要情感上的支持？

事實上，高處不勝寒。身處高位的人，通常身處更多需要互相信賴的關係，卻也更容易感到自己是一個人、與他人更為疏遠。社會心理學教授李（Fiona Lee）與蒂登斯（Larissa Z. Tiedens）在2001年的研究報告，檢視互相信賴與獨立等元素如何彼此強化，指出「權力會帶來孤立、與他人隔絕的主觀感受」。[1]

他們強大的自尊與自信帶來成功，但也通常伴隨著不安全感與不確定性。他們經常遇到想和他們交朋友的人，但這些人的目的不是得到友誼，而是別有所圖。居高位者也是人，也需要別人的肯定，需要知道有人覺得他們做得很好。

當一個人從十七年來一直全心投入的地方退下來的時候，看著這個熱愛的公司在自己的支持之下取得令人矚目的成就，他可能只是需要有人給他一句鼓勵的話、一個大大的擁抱，並告訴他一切都會順利，還有萬分精采的未來在等著他。但比爾不在了，不會有人對他說這些話了。

正面的人性價值，帶來正面的商業成果

開始寫這本書時，我們擁有和比爾合作的第一手經驗，我們知道他在谷歌成功過程中的重要性，也知道他和其他許多矽谷人士合作過。我們訪問認識比爾與接受過他指導的人，還研究了比爾的領導原則，過程中學到更多。我們有系統的整理出一套更詳實的比爾管理模式，也列出了一系列的論點，闡述他的管理原則對公司成功的重要性。

企業要成功，需要有像社群一樣密切合作的團隊，團隊中的每個人都要認同共同的利益，放下歧見，齊心協力致力於做對公司有利和正確的事。這種默契無法在一群人之中自然而然形成，在表現傑出、志向遠大的人之中就更難發生了，所以才需要有人扮演教練或團隊教練的角色，推動大家形成默契。

在這個年代，科技占據了各產業與消費者生活的多數面向，速度與創新再重要不過。任何想要成功的公司，都必須將團隊教練工作納入公司文化，在公司高層尤其如此。如果想要主管團隊發揮最好的表現，一定得

有教練。

我們很幸運能有比爾・坎貝爾當我們的團隊教練，不過雖然多數團隊沒這麼幸運，也沒關係，因為最適合當團隊教練的人選，就是實際整軍帶隊的團隊管理者。要想成為優秀的管理者與領導者，首先要成為一個優秀的教練。

教練工作不再是一項專長，而是做為主管必備的能力。如果你做不了優秀的教練，你就不可能成為一個優秀的管理者。在一個快速發展、高度競爭、由科技帶動的商業世界中，要想成功，就要打造一個高績效團隊，並給團隊成員可以成就大事的資源與自由。而高績效團隊的基本要素是身兼聰明經理人與愛心教練的領導者。

本書探討了比爾如何擔任團隊教練。他堅持卓越管理，並不斷強調簡單做法的重要性，因為所有的簡單做法加在一起就等於強大的公司營運。他認為，那些把員工放在第一位、管理有方的經理人，自然而然會被員工擁戴為領導者。他們的領導者身分不是靠頭銜，而是贏來的。

針對溝通，比爾有一套深思熟慮、始終如一的方法。他高度重視決斷力，果斷的管理者永遠知道何時該結束辯論，並做出最終決定。他欣賞那些表現優異、有時行為可能不符合常規的桀驁不遜人才，但他也主張，如果這些人的行為危害到團隊，應該快刀斬亂麻。比爾認為，優秀的產品和做出優秀產品的團隊，是一家優秀公司的核心資產，其他的一切都應該服務這個核心元素。他也知道，有時管理者得讓人離開，但他們應該要讓員工有尊嚴的離開。

比爾知道，人際關係的根基是信任，因此他特別重視培養合作者之間的信任感與忠誠度。比爾專心聆聽，直言不諱，比你自己還要相信你。比爾認為，團隊至上，堅持應該把團隊放在第一位。碰上任何問題時，他的第一步是先審視團隊，不會直接著手解決問題。他會找出最大的問題，也就是那些人人視而不見的棘手問題，並把它們拿到檯面上、推到所有人面前，確保這些問題能優先得到解決。

他常隱身幕後，把鎂光燈讓給別人，在公司走廊、電話中、一對一教練時間，彌合人與人之間溝通的鴻溝。他敦促領導者要拿出領導風範，發揮領導的作用，尤其是在前景不佳的時刻。他相信多元化，也認為人應該在工作場合做完整的自己。

比爾懂得愛人，他也把愛帶進他創建或加入的各個社群裡。他把愛帶進工作環境中變成了一件可以接受的事情。

我們訪問了很多人，建構出一系列論點，列舉比爾奉行的管理原則，並引用當事人的談話或故事來解說這些原則。但直到本書作者之一的施密特面臨人生的重大轉折，而教練比爾已經無法給予他幫助的時候，我們才真正感受到這些原則的存在有多麼珍貴。

2017年12月的一個下午，羅森柏格和太太百麗帶愛犬阿波去散步。那天早上，羅森柏格收到施密特寄來的電子郵件，施密特告知自己準備辭職。這個消息令羅森柏格感到不安，但他察覺施密特其實比他還徬徨。他向百麗提到這件事，百麗催促他：「你得幫助他。」

羅森柏格開始思考：如果是比爾，他會怎麼做？

比爾會協助施密特找出最理想的下一步。比爾不會告訴施密特該怎麼做，只會協助施密特擬定計畫。比爾會擁抱他，拍拍他的背，提醒他在過去十七年來，他在谷歌的表現非常優秀。比爾會召集一小群人，讓施密特的身邊圍繞著他最喜愛的事物——宏偉的想法、新的動力、引人入勝的科學和先進技術。比爾會帶著愛與鼓勵做這些事。

羅森柏格因此動了起來。他先找施密特談，也和施密特的好友、負責Alphabet子公司Jigsaw的寇恩（Jared Cohen）談。羅森柏格還找來伊格爾，大家腦力激盪，想出最終命名為「施密特3.0」的計畫。最重要的是，羅森柏格關心施密特，動員其他關心他的人一起幫忙。我們三個人因為合寫這本書，了解到團隊教練的基本工作，以及比爾是怎麼做到的。

比爾意識到，只要是人，都在乎愛、家庭、金錢、關注、權力、意義和目標，而這些也是所有商業環境的構成因素。要打造高效團隊，就必須理解和關注這些人類的共同價值觀。不論是什麼年紀、階級、地位，每個人都一樣，這些價值觀都是我們的一部分。

比爾不會只看專業的你，他看到的是完整的你。因此他有辦法激勵人們成為優秀的商務人士。比爾知道，正面的人性價值會帶來正面的商業成果。但太多企業領袖都忽略了這層關係。這就是為什麼我們覺得，現在學著理解這層關係非常重要。這有違商業世界的直覺，但對成功至關緊要。

我們這個小團隊逐漸替施密特下一階段的職業生涯，擬定出一套計畫。有計畫很重要，建立一個團隊更是重要。

下一步該做什麼？

唐納荷在2015年辭去eBay執行長職務時，面臨和施密特類似情形。他們都是成功的企業家、年過五十、孩子已經成年，還有都在思考下一步該做什麼？

為了找出答案，唐納荷訪問了數十位比他年長、但仍充滿活力的人，詢問他們是如何走過類似的過渡期，又如何開始第二人生。以下是他得到的答案：

發揮創意：五十歲之後應當是你最有創造力的時候。你有豐富的經驗，可以自由的運用到需要的地方。避免使用類似於你已經步入「人生下半場」的比喻，這會限制你所能產生的影響。

別做你只略懂皮毛的事情：不要做愈多，卻完成的愈少，不要只是東做一點，西做一點。不論做什麼事都要全力以赴，要承擔後果，做推動事情前進的人。

與有活力的人合作：讓身邊都是這樣的人，他們通常比你年輕，多與他們交流。

發揮你的才能：找出自己特別擅長做的事，以及讓你與眾不同的能力。傾聽內心的呼喚，找出能催生你使命感的東西，然後開始行動。

不要浪費時間去擔心未來：讓機緣自然降臨，因為人生的大多數轉折點都無法預測，也無法掌控。

人生的衡量標準出乎你意料

比爾擔任教練時，通常不領報酬。比爾第一次出現在羅森斯威格的辦公室時，告訴他：「我不收現金，不接受股票，什麼都不要。」比爾為谷歌做了很多事，但再三推辭報酬，最後終於收了一點股票後，也全數捐給慈善單位。這有違常理，因為大多數公司的顧問都會得到股票或現金報酬，但比爾覺得，他在職業生涯中領到的錢已經夠多，如今他想要回饋。

電商Enjoy執行長詹森（Ron Johnson），在2014年辭去JCPenney執行長職務，當時比爾告訴他：「如果你受過恩惠，那就帶給人們幸福。」比爾帶給人們幸福。

有人問比爾，為什麼他不拿酬勞，比爾說他以不同方式計算自己的影響力，他自有一套衡量標準。他說：我看著所有替我工作過的人，或是我曾經以某種方式協助的人，我數一數他們有多少人今日成為優秀的領導者。我就是那樣計算我的成功。

在撰寫這本書的過程中，我們訪問了八十多位傑出領導人，他們都認為自己能成功，比爾扮演著很重要的角色。如果再算進我們未能訪問到的人，比爾的成功指標看起來很不錯。

我們希望讀者能從這本書中，學到成為更優秀管理者與教練的一些管理原則，此刻正想著如何讓你的團隊變得更優秀，也想著如何才能促使自己變得更優秀，然後不再自我設限。我們期望你能成為另一位符合比爾衡量標準的領導者。**這個世界面臨著眾多挑戰，唯有靠團隊才能解決，而那些團隊都需要教練。**

致謝

我們因為撰寫這本書，肩負了一項重大的責任，為此，我們首先要感謝比爾的遺孀艾琳・波奇，以及比爾的孩子吉姆・坎貝爾與瑪姬・坎貝爾。我們深感榮幸能得到這個重要的機會。

我們採訪了近百位人生深受比爾影響的人，他們都是非常忙碌的成功人士，但他們每個人都給予我們不受限制的採訪時間，而所有人都在訪談結束時表示，願意以任何方式協助我們寫作這本書，在此謹向以下所有人表達由衷的謝意：

David Agus、Chase Beeler、Todd Bradley、Shellye Archambeau、Deborah Biondolillo、Sergey Brin、Kristina Homer、Lee Black、Shona Brown、Armstrong、Laszlo Bock、Eve Burton、Clay Bavor、Lee C. Bollinger、Al Butts、Derek Butts、Bradley Horowitz、Patrick Pichette、

Bruce Chizen、Mark Human、Peter Pilling、Jared Cohen、Chad Hurley、Ruth Porat、Scott Cook、Jim Husson、Jeff Reynolds、Dick Costolo、Bob Iger、Jesse Rogers、Eddy Cue、Eric Johnson、Dan Rosensweig、John Doerr、Andrea Jung、Wayne Rosing、John Donahoe、Salar Kamangar、Jim Rudgers、Mickey Drexler、Vinod Khosla、Sheryl Sandberg、David Drummond、Dave Kinser、Philip Schiller、Donna Dubinsky、Omid Kordestani、Philipp Schindler、Joe Ducar、Scotty Kramer、Chadé Severin、Brad Ehikian、Adam Lashinsky、Danny Shader、Alan Eustace、Ronnie Lott、Ram Shriram、Bruno Fortozo、Marissa Mayer、Brad Smith、Pat Gallagher、Marc Mazur、Esta Stecher、Dean Gilbert、Mike McCue、Dr. Ron Sugar、Alan Gleicher、Mary Meeker、Stacy Sullivan、Al Gore、Shishir Mehrotra、Nirav Tolia、Diane Greene、Emil Michael、Rachel Whetstone、Bill Gurley、Michael Moe、Susan Wojcicki、John Hennessy、Larry Page、Ben Horowitz、Sundar Pichai、

如同所有重要的專案，本書是團隊合作的成果，我

們擁有太優秀的團隊了。勒布夫（Lauren LeBeouf）整理了所有的訪談，讓一切井井有條，不過更重要的是她是一位敏銳的編輯，讓這本書大加分。

柯拉可芙斯基（Marina Krakovsky）協助我們連結比爾的原理與學術研究，證明在企業管理的世界，比爾大幅超前自己的時代。柯拉可芙斯基永遠創意十足，提出洞見，還是超厲害的編輯。很高興能再次與柯拉可芙斯基合作！

列文（Jim Levine）一直是我們的經紀人、啦啦隊與教練，多方討論後，引導我們找出最好的書名。辛波（Hollis Heimbouch）把我們推到正確方向，以優雅手法替我們編輯，溫柔協助我們這些有時毫無頭緒的西岸科技人，帶我們了解出版的世界。感謝你們兩位永遠提供支持與協助！

湯瑪斯（Melissa Carson Thomas）負責確認書中提到的事。她的銳利雙眼抓住細節，靠技巧與熱忱找出事實。感謝你，湯瑪斯。

艾倫波（Marc Ellenbogen）、杜波瓦（Corey duBrowa）、金（Winnie King）、奧利維立（Tom Oliveri）是谷歌的

同事與朋友，協助我們處理大公司的法律與公關細節，但讓我們保住故事的核心精神。

梅（Karen May）負責監督谷歌的領導訓練，過去曾與比爾密切合作，輔助他將原則傳授給谷歌人。凱倫協助我們開始此次的寫書計畫，提供了許多具有洞察力的補充資料。

川崎（Guy Kawasaki）寫過十多本超級暢銷書，他特別挪出時間閱讀我們的草稿，還給了一些相當直言不諱的意見！（「你們真的覺得這叫差不多寫好了嗎？」）

格蘭特不僅答應幫我們寫序，還提供許多有趣的學術參考資料，甚至寫了一封很長的電子郵件，告訴我們關於球隊的有趣故事，還提供我們精采的達爾文名言。

艾克（Jennifer Aaker）運用她在史丹佛商學院傳授的課程，提供大量有關於敘事與說故事的意見，但我們的書還是沒能像她的家庭遊記一樣妙趣橫生。

金（Emmett Kim）、梅（Cindy Mai）、伯特（Andy Berndt）的封面設計啟發了我們，接著科瑞（Rodrigo Corral）與卡索威（Anna Kassoway）幫助我們完成封面設計，過程中有過混亂（爭吵不休），但最後有完美的作品。感謝你們的耐心與驚人創意。

詹森（Miles Johnson）想辦法利用白天在谷歌的品牌策略工作，擠出時間接下一項遠遠不那麼迷人的臨時工作，替我們的網站監工。這網站看起來很棒！

馬修（Mindy Matthews）是優秀的文字編輯，時態的把關者，專殺不必要的逗點。本書她唯一沒用挑剔眼光嚴格把關的句子，只有這段話而已。

羅森伯格（Josh Rosenberg）幫那些完全不懂怎麼做文字編輯的人進行了細緻入微的編輯，不過由於我們沒把勇士隊列進史上最偉大的運動王朝，他還在生我們的氣。羅森伯格（Hannah Rosenberg）與格瑞斯（Beryl Grace）隨時提出評論，不斷提醒我們思考比爾的做法，不時在晚餐桌旁問：「比爾會怎麼做？」

伊格爾的媽媽喬安（Joanne Eagle）偶爾擔任我們的高中英文代課老師，她顯然感到有義務改我們的報告。媽，謝謝你！

費倫（Mark Fallon）是我們的荷姆斯特聯絡人，提供比爾家鄉的寶貴資料，以及一幅很棒的比爾肖像，今日掛在強納森的辦公室。那幅畫真的用上了谷歌排球場上的沙子。

布魯菲長期擔任比爾的助理。每當我們大老遠跑到比爾的辦公室，她總是溫暖迎接我們。她讓比爾的工作行程一切安排得妥妥當當。

歐雷塔（Ken Auletta）好幾次向比爾提到要寫一本關於他的書，對我們的草稿提供了意見。我們很榮幸能得到他的協助。

我們共同的好朋友格葉費斯（Glenn Yeffeth）是成功的BenBellaBooks出版人，他用圈內人的角度，協助我們了解出版業。

喬許與傑森・馬科夫斯基—伯格（Josh and Jason Malkofsky-Berger）自豪是強納森粉絲俱樂部的正式成員，選擇閱讀與批評幾乎是他寫的所有東西。

哈契森（Don Hutchison）要求先睹為快，這樣他才能第一個寫出給予高評價的精采書評。

我們在谷歌的長期合作夥伴與好友藍瑪瓦米（Prem Ramaswami）永遠提出很好的意見，並在他的大學課堂上提及最精采的重點。

羅森柏格在大學學到的一切和統計有關的事，都是費根鮑姆（Susan Feigenbaum）傳授的，不過她也讓強納森弄懂說故事與敘事的技巧。

派肯（Matt Pyken）是貨真價實的好萊塢編劇！他建議了幾種增添文采的方法，好讓我們的讀者能忍不住一頁翻過一頁。

黃（Jeff Huang）傳授哲學，專注於倫理學與道德議題。他鼓勵我們寫下有關於比爾的書，好讓自己能在課堂上傳授相關原則。

艾薩克斯（James Isaacs）是羅森柏格從前在蘋果的主管，他是終身學習者，也不斷提醒我們要進步。

狄斯（Dave Deeds）是創業教授，他引導我們把這本書寫得易於所有小型企業的創辦人與領導者閱讀。

布瑞福曼（Eric Braverman）、克羅克特（Cassie Crockett）、伍德西德（Dennis Woodside）全在百忙之中抽空閱讀草稿，說出他們的想法。他們提出的「概念性問題」至今依舊引發我們思考。

葛雷區（Zach Gleicher）是谷歌產品經理。比爾介紹我們認識，說葛雷區一定會在谷歌表現良好。比爾確實慧眼獨具！

注釋

第1章

1. 照片由Columbia University Athletics提供。
2. Arthur Daley, "Sports of the Times; Pride of the Lions," *New York Times*, November 22, 1961.
3. "300 Attend Testimonial for Columbia's Eleven," *New York Times*, December 20, 1961.
4. George Vecsey, "From Morningside Heights to Silicon Valley," *New York Times*, September 5, 2009.
5. Charles Butler, "The Coach of Silicon Valley," *Columbia College Today*, May 2005.
6. P. Frost, J. E. Dutton, S. Maitlis, J. Lilius, J. Kanov, and M. Worline, "Seeing Organizations Differently: Three Lenses on Compassion," in *The SAGE Handbook of Organization Studies,* 2nd ed., eds. S. Clegg, C. Hardy, T. Lawrence, and W. Nord (London: Sage Publications, 2006), 843–66.
7. 照片由Columbia University Athletics提供。
8. Butler, "The Coach of Silicon Valley."

9. Michael Hiltzik, "A Reminder That Apple's '1984' Ad Is the Only Great Super Bowl Commercial Ever—and It's Now 33 Years Old," *Los Angeles Times*, January 31, 2017.
10. Michael P. Leiter and Christina Maslach, "Areas of Worklife: A Structured Approach to Organizational Predictors of Job Burnout," *Research in Occupational Stress and Well Being* (January 2004), 3:91–134.
11. L. L. Greer, Lisanne Van Bunderen, and Siyu Yu, "The Dysfunctions of Power in Teams: A Review and Emergent Conflict Perspective," *Research in Organizational Behavior* 37 (2017): 103–24. Corinne Bendersky and Nicholas A. Hays, "Status Conflict in Groups," *Organization Science* 23, no. 2 (March 2012): 323–40.
12. D. S. Wilson, E. Ostrom, and M. E. Cox, "Generalizing the Core Design Principles for the Efficacy of Groups," *Journal of Economic Behavior & Organization* 90, Supplement (June 2013): S21–S32.
13. Nathanael J. Fast, Ethan R. Burris, and Caroline A. Bartel, "Insecure Managers Don't Want Your Suggestions," *Harvard Business Review,* November 24, 2014.
14. Saul W. Brown and Anthony M. Grant, "From GROW to

GROUP: Theoretical Issues and a Practical Model for Group Coaching in Organisations," *Coaching: An International Journal of Theory, Research and Practice* 3, no. 1 (2010): 30–45.

15. Steven Graham, John Wedman, and Barbara Garvin-Kester, "Manager Coaching Skills: What Makes a Good Coach," *Performance Improvement Quarterly* 7, no. 2 (1994): 81–94.
16. Richard K. Ladyshewsky, "The Manager as Coach as a Driver of Organizational Development," *Leadership & Organization Development Journal* 31, no. 4 (2010): 292–306.

第2章

1. Fariborz Damanpour, "Organizational Innovation: A Meta-Analysis of Effects of Determinants and Moderators," *Academy of Management Journal* 34, no. 3 (September 1991): 555–90; Brian Uzzi and Jarrett Spiro, "Collaboration and Creativity: The Small World Problem," *American Journal of Sociology* 111, no. 2 (September 2005): 447–504.
2. Nicholas Bloom, Erik Brynjolfsson, Lucia Foster, Ron S. Jarmin, Megha Patnaik, Itay Saporta-Eksten, and John Van Reenen, "What Drives Differences in Management," Centre

for Economic Performance Research discussion paper, No. DP11995 (April 2017).

3. Ethan Mollick, "People and Process, Suits and Innovators: The Role of Individuals in Firm Performance," *Strategic Management Journal* 33, no. 9 (January 2012): 1001–15.
4. Linda A. Hill, "Becoming the Boss," *Harvard Business Review,* January 2007.
5. Mark Van Vugt, Sarah F. Jepson, Claire M. Hart, and David De Cremer, "Autocratic Leadership in Social Dilemmas: A Threat to Group Stability," *Journal of Experimental Social Psychology* 40, no. 1 (January 2004), 1–13.
6. Nicholas Carlson, "The 10 Most Terrible Tyrants of Tech," Gawker. August 12, 2008, http://gawker.com/5033422/the-10-most-terrible-tyrants-of-tech.
7. Jeffrey Pfeffer and John F. Veiga, "Putting People First for Organizational Success," *Academy of Management Executive* 13, no. 12 (May 1999): 37–48.
8. Steven Postrel, "Islands of Shared Knowledge: Specialization and Mutual Understanding in Problem-Solving Teams," *Organization Science* 13, no. 3 (May 2002): 303–20.
9. Jerry Kaplan, *Startup: A Silicon Valley Adventure* (New York:

Houghton Mifflin Harcourt, 1994), 198.

10. Joseph A. Allen and Steven G. Rogelberg, "Manager-Led Group Meetings: A Context for Promoting Employee Engagement," *Group & Organization Management* 38, no. 5 (September 2013): 543–69.
11. Jennifer L. Geimer, Desmond J. Leach, Justin A. DeSimone, Steven G. Rogelberg, and Peter B. Warr, "Meetings at Work: Perceived Effectiveness and Recommended Improvements," *Journal of Business Research* 68, no. 9 (September 2015): 2015–26.
12. Matthias R. Mehl, Simine Vazire, Shannon E. Hollenen, and C. Shelby Clark, "Eavesdropping on Happiness: Well-being Is Related to Having Less Small Talk and More Substantive Conversations," *Psychological Science* 21, no. 4 (April 2010): 539–41.
13. Robert A. Baruch Bush, "Efficiency and Protection, or Empowerment and Recognition?: The Mediator's Role and Ethical Standards in Mediation," *University of Florida Law Review* 41, no. 253 (1989).
14. Kristin J. Behfar, Randall S. Peterson, Elizabeth A. Mannix, and William M. K. Trochim, "The Critical Role of Conflict

Resolution in Teams: A Close Look at the Links Between Conflict Type, Conflict Management Strategies, and Team Outcomes," *Journal of Applied Psychology* 93, no. 1 (2008): 170–88.

15. James K. Esser, "Alive and Well After 25 Years: A Review of Groupthink Research," *Organizational Behavior and Human Decision Processes* 73, nos. 2–3 (March 1998): 116–41.
16. Ming-Hong Tsai and Corinne Bendersky, "The Pursuit of Information Sharing: Expressing Task Conflicts as Debates vs. Disagreements Increases Perceived Receptivity to Dissenting Opinions in Groups," *Organization Science* 27, no. 1 (January 2016): 141–56.
17. Manfred F. R. Kets de Vries, "How to Manage a Narcissist," *Harvard Business Review*, May 10, 2017.
18. Amy B. Brunell, William A. Gentry, W. Keith Campbell, Brian J. Hoffman, Karl W. Kuhnert, and Kenneth G. DeMarree, "Leader Emergence: The Case of the Narcissistic Leader," *Personality and Social Psychology Bulletin* 34, no. 12 (October 2008): 1663–76.
19. Henry C. Lucas, *The Search for Survival: Lessons from Disruptive Technologies* (New York: ABC-CLIO, 2012), 16.

20. Thomas Wedell-Wedellsborg, "Are You Solving the Right Problems?," *Harvard Business Review*, January–February 2017.
21. Manuela Richter, Cornelius J. König, Marlene Geiger, Svenja Schieren, Jan Lothschütz, and Yannik Zobel, "'Just a Little Respect': Effects of a Layoff Agent's Actions on Employees' Reactions to a Dismissal Notification Meeting," *Journal of Business Ethics* (October 2016): 1–21.
22. Ben Horowitz, *Hard Thing About Hard Things* (New York: Harper Business, 2014), 79.
23. Benjamin E. Hermalin and Michael S. Weisbach, "Board of Directors Endogenously Determined Institution: A Survey of the Economic Literature," *FRBNY Economic Policy Review* 9, no. 1 (April 2003): 7–26.
24. Jeffrey A. Sonnenfeld, "What Makes Great Boards Great," *Harvard Business Review,* September 2002.

第3章

1. Denise M. Rousseau, Sim B. Sitkin, Ronald S. Burt, and Colin Camerer, "Not So Different After All: A Cross-Discipline View of Trust," *Academy of Management Review* 23, no. 3 (1998): 393–404.

2. TonyL.SimonsandRandallS.Peterson,"Task Conflict and Relationship Conflict in Top Management Teams: The Pivotal Role of Intragroup Trust," *Journal of Applied Psychology* 85, no. 1 (February 2000): 102–11.
3. Alan M. Webber, "Red Auerbach on Management," *Harvard Business Review,* March 1987.
4. Amy Edmondson, "Psychological Safety and Learning Behavior in Work Teams," *Administrative Science Quarterly* 44, no. 2 (June 1999): 350–83.
5. Suzanne J. Peterson, Benjamin M. Galvin, and Donald Lange, "CEO Servant Leadership: Exploring Executive Characteristics and Firm Performance," *Personnel Psychology* 65, no. 3 (August 2012): 565–96.
6. Carl Rogers and Richard E. Farson, *Active Listening* (Chicago: University of Chicago Industrial Relations Center, 1957).
7. Andy Serwer, "Gamechangers: Legendary Basketball Coach John Wooden and Starbucks' Howard Schultz Talk About a Common Interest: Leadership," *Fortune*, August 11, 2008.
8. Jack Zenger and Joseph Folkman, "What Great Listeners Actually Do," *Harvard Business Review,* July 14, 2016.
9. Kaplan, *Startup*, 199–200.

10. Mats Alvesson and Stefan Sveningsson, "Managers Doing Leadership: The Extra-Ordinarization of the Mundane," *Human Relations* 56, no. 12 (December 2003): 1435–59.
11. Niels Van Quaquebeke and Will Felps, "Respectful Inquiry: A Motivational Account of Leading Through Asking Questions and Listening," *Academy of Management Review* 43, no. 1 (July 2016): 5–27.
12. Ron Carucci, "How to Use Radical Candor to Drive Great Results," *Forbes*, March 14, 2017.
13. Fred Walumbwa, Bruce Avolio, William Gardner, Tara Wernsing, and Suzanne Peterson, "Authentic Leadership: Development and Validation of a Theory-Based Measure," *Journal of Management* 34, no. 1 (February 2008): 89–126.
14. Rachel Clapp-Smith, Gretchen Vogelgesang, and James Avey, "Authentic Leadership and Positive Psychological Capital: The Mediating Role of Trust at the Group Level of Analysis," *Journal of Leadership and Organizational Studies* 15, no. 3 (February 2009): 227–40.
15. Erik de Haan, Vicki Culpin, and Judy Curd, "Executive Coaching in Practice: What Determines Helpfulness for Clients of Coaching?" *Personnel Review* 40, no. 1 (2011):

24–44.

16. Y. Joel Wong, "The Psychology of Encouragement: Theory, Research, and Applications," *Counseling Psychologist* 43, no. 2 (2015): 178–216.

第4章

1. Charles Darwin, *Descent of Man, and Selection in Relation to Sex* (London: J. Murray, 1871), 166.
2. James W. Pennebaker, *The Secret Life of Pronouns: What Our Words Say About Us* (New York: Bloomsbury, 2011).
3. Carol S. Dweck, *Mindset: The New Psychology of Success* (New York: Random House, 2006), 7.
4. Daniel J. McAllister, "Affectand Cognition-Based Trust as Foundations for Interpersonal Cooperation in Organizations," *Academy of Management Journal* 38, no. 1 (1995): 24–59.
5. U.S. Equal Employment Opportunity Commission, *Diversity in High Tech*, May 2016; Elena Sigacheva, *Quantifying the Gender Gap in Technology*, Entelo, March 8, 2018, blog.entelo.com.
6. Anita Williams Woolley, Christopher F. Chabris, Alex Pentland, Nada Hashmi, and Thomas W. Malone, "Evidence

for a Collective Intelligence Factor in the Performance of Human Groups," *Science* 330, no. 6004 (October 2010): 686–88.

7. Laura Sherbin and Ripa Rashid, "Diversity Doesn't Stick Without Inclusion," *Harvard Business Review*, February 1, 2017.
8. Charles S. Carver, Michael F. Scheier, and Jagdish Kumari Weintraub, "Assessing Coping Strategies: A Theoretically Based Approach," *Journal of Personality and Social Psychology* 56, no. 2 (February 1989): 267–83.
9. Alice M. Isen, Kimberly A. Daubman, and Gary P. Nowicki, "Positive Affect Facilitates Creative Problem Solving," *Journal of Personality and Social Psychology* 52, no. 6 (June 1987): 1122–31.
10. Kaplan, *Startup*, 254.
11. Walter F. Baile, Robert Buckman, Renato Lenzi, Gary Glober, Estela A. Beale, and Andrzej P. Kudelka, "SPIKES—A Six-Step Protocol for Delivering Bad News: Application to the Patient with Cancer," *Oncologist* 5, no. 4 (August 2000): 302–11.
12. John Gerzema and Michael D'Antonio, *The Athena Doctrine:*

How Women (and the Men Who Think Like Them) Will Rule the Future (San Francisco: Jossey-Bass, 2013).

第5章

1. Nicolas O. Kervyn, Charles M. Judd, and Vincent Y. Yzerbyt, "You Want to Appear Competent? Be Mean! You Want to Appear Sociable? Be Lazy! Group Differentiation and the Compensation Effect," *Journal of Experimental Social Psychology* 45, no. 2 (February 2009): 363–67.
2. Kaplan, *Startup*, 42.
3. Sigal G. Barsade and Olivia A. O'Neill, "What's Love Got to Do with It? A Longitudinal Study of the Culture of Companionate Love and Employee and Client Outcomes in a Long-term Care Setting," *Administrative Science Quarterly* 59, no. 4 (November 2014): 551–98.
4. Suzanne Taylor, Kathy Schroeder, and John Doerr, *Inside Intuit: How the Makers of Quicken Beat Microsoft and Revolutionized an Entire Industry* (Boston: Harvard Business Review Press, 2003), 231.
5. Jason M. Kanov, Sally Maitlis, Monica C. Worline, Jane E. Dutton, Peter J. Frost, and Jacoba M. Lilius, "Compassion in

Organizational Life," *American Behavioral Scientist* 47, no. 6 (February 2004): 808–27.

6. Nạn Lin, "Building a Network Theory of Social Capital," *Connections* 22, no. 1 (1999): 28–51.
7. Adam Grant, *Give and Take: Why Helping Others Drives Our Success* (New York: Penguin Books, 2013), 264–65.
8. Adam Grant and Reb Rebele, "Beat Generosity Burnout," *Harvard Business Review,* January 2017.
9. Brad Stone, *The Everything Store: Jeff Bezos and the Age of Amazon* (New York: Little, Brown, 2013).

結語

1. Fiona Lee and Larissa Z. Tiedens, "Is It Lonely at the Top? The Independence and Interdependence of Power Holders," *Research in Organizational Behavior* 23 (2001): 43–91.

國家圖書館出版品預行編目（CIP）資料

教練 / 施密特 (Eric Schmidt), 羅森柏格 (Jonathan Rosenberg), 伊格爾 (Alan Eagle) 著 ; 許恬寧譯 . -- 第一版 . -- 臺北市 : 天下雜誌 , 2020.06
面；　公分 . -- (天下財經 ; 404)
譯自 : Trillion Dollar Coach
ISBN 978-986-398-557-0(平裝)

1. 企業領導 2. 組織管理 3. 高階管理者

494.2　　109005817

訂購天下雜誌圖書的四種辦法：

◎ 天下網路書店線上訂購：www.cwbook.com.tw
會員獨享：
1. 購書優惠價
2. 便利購書、配送到府服務
3. 定期新書資訊、天下雜誌網路群活動通知

◎ 在「書香花園」選購：
請至本公司專屬書店「書香花園」選購
地址：台北市建國北路二段 6 巷 11 號
電話：(02) 2506 － 1635
服務時間：週一至週五　上午 8：30 至晚上 9：00

◎ 到書店選購：
請到全省各大連鎖書店及數百家書店選購

◎ 函購：
請以郵政劃撥、匯票、即期支票或現金袋，到郵局函購
天下雜誌劃撥帳戶：01895001 天下雜誌股份有限公司

＊ 優惠辦法：天下雜誌 GROUP 訂戶函購 8 折，一般讀者函購 9 折
＊ 讀者服務專線：(02) 2662-0332（週一至週五上午 9：00 至下午 5：30）

教練

Trillion Dollar Coach

作　　者／施密特（Eric Schmidt）、羅森柏格（Jonathan Rosenberg）、
　　　　伊格爾（Alan Eagle）
譯　　者／許恬寧
封面設計／ Javick 工作室
責任編輯／張奕芬
特約校對／魏秋綢

發 行 人／殷允芃
出版部總編輯／吳韻儀
出 版 者／天下雜誌股份有限公司
地　　址／台北市 104 南京東路二段 139 號 11 樓
讀者服務／（02）2662-0332 傳真／（02）2662-6048
天下雜誌 GROUP 網址／ http://www.cw.com.tw
劃撥帳號／ 01895001 天下雜誌股份有限公司
法律顧問／台英國際商務法律事務所・羅明通律師
印刷製版／中原造像股份有限公司
裝 訂 廠／中原造像股份有限公司
總 經 銷／大和圖書有限公司　電話／（02）8990-2588
出版日期／ 2020 年 6 月 5 日第一版第一次印行
　　　　　2020 年 6 月 9 日第一版第二次印行
定　　價／ 420 元

書號：BCCF0404P
ISBN：978-986-398-557-0

天下雜誌
觀念領先